黄河流域生态保护和高质量发展文化教育丛书

国家"双高计划"水利水电建筑工程高水平专业群黄河系列特色教材

黄河治理

主　编　王勤香　张　芳

副主编　刘东东　卞世忠

主　审　雷　恒

黄河水利出版社

·郑　州·

内容提要

本书围绕黄河流域生态保护和高质量发展规划编写,旨在普及黄河知识、提高黄河保护意识、助力国家黄河流域生态保护和高质量发展战略实施。本书为黄河流域生态保护和高质量发展文化教育丛书、国家"双高计划"水利水电建筑工程高水平专业群黄河系列特色教材之一,主要从黄河治理导论、黄河河型及水沙情况、黄河防洪规划、黄河下游河床演变、黄河下游河道整治、黄河下游堤防工程、黄河下游防汛抢险等方面展开介绍,内容精练、通俗易懂。

本书可用作高等院校水利类专业黄河教育通用教材,也可用作水利及相关行业干部职工培训教材,亦是面向社会推广普及黄河治理知识的重要参考。

图书在版编目(CIP)数据

黄河治理/王勤香,张芳主编 . —郑州:黄河水利出版社,2023.7

(黄河流域生态保护和高质量发展文化教育丛书)

国家"双高计划"水利水电建筑工程高水平专业群黄河系列特色教材

ISBN 978-7-5509-3630-0

Ⅰ.①黄… Ⅱ.①王… ②张… Ⅲ.①黄河-河道整治-研究 Ⅳ.①TV882.1

中国国家版本馆 CIP 数据核字(2023)第 135827 号

| 组稿编辑 | 王路平 | 电话:0371-66022212 | E-mail:hhslwlp@ 163. com |
| | 田丽萍 | 66025553 | 912810592@ qq. com |

| 责任编辑 | 乔韵青 | 责任校对 | 岳晓娟 |
| 封面设计 | 张心怡 | 责任监制 | 常红昕 |

出版发行　黄河水利出版社
　　　　　地址:河南省郑州市顺河路49号　邮政编码:450003
　　　　　网址:www.yrcp.com　E-mail:hhslcbs@ 126.com
　　　　　发行部电话:0371-66020550
承印单位　河南新华印刷集团有限公司
开　　本　787 mm × 1092 mm　1/16
印　　张　12.5
字　　数　290 千字
版　　次　2023 年7月第1版　　印　次　2023 年7月第1次印刷
定　　价　50.00 元

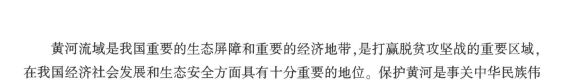

　　黄河流域是我国重要的生态屏障和重要的经济地带,是打赢脱贫攻坚战的重要区域,在我国经济社会发展和生态安全方面具有十分重要的地位。保护黄河是事关中华民族伟大复兴和永续发展的千秋大计。

　　2019年9月18日,习近平总书记在河南郑州主持召开黄河流域生态保护和高质量发展座谈会并发表重要讲话,把黄河流域生态保护和高质量发展上升为国家战略,并发出了"让黄河成为造福人民的幸福河"的伟大号召。沿黄各省(区)积极践行黄河流域生态保护和高质量发展重大国家战略,奏响了新时代黄河大合唱。

　　黄河水利职业技术学院被誉为黄河流域水利人才的"黄埔军校"和"黄河技干摇篮",始终以黄河治理与保护为己任。作为中国特色高水平高职学校和专业建设计划("双高计划")的水利水电建筑工程高水平专业群,担当着引领水利专业高职教育高质量发展的新责任,肩负着为黄河治理贡献中国智慧和力量的新使命。出版这套黄河流域生态保护和高质量发展文化教育丛书、国家"双高计划"水利水电建筑工程高水平专业群黄河系列特色教材,旨在普及黄河知识、提高黄河保护意识、助力国家黄河流域生态保护和高质量发展战略实施。

　　本书依据水利水电建筑工程高水平专业群建设要求,本着够用实用、拓展知识、启智润心的原则,序化教材的框架,选取教学内容,融入生态文明、高质量发展、保护"母亲河"等思政元素,加强实际工程案例,注重能力培养,引入了最新规范和成果,体现了工学结合的高职高专教育特色,更加适应教学改革新形势。在每节后面针对性配有黄河基础知识,增强趣味性、科普性,拓宽学生视野,书后附有黄河治理常见的词汇解释,帮助学生进一步读懂黄河、了解黄河。

　　本书由黄河水利职业技术学院组织编写,主要编写人员及编写分工如下:黄河水利职业技术学院王勤香编写第一章、第二章和第四章,张芳编写第三章第一节、第五章第一节和第六章及附件一,侯立亭编写第三章第二节,罗全胜编写第五章第二节、第三节;水利部黄河水利委员会离退局卞世忠编写第三章第三节;中牟黄河河务局刘东东编写第七章及附件二。本书由王勤香、张芳担任主编,王勤香负责全书统稿,刘东东、卞世忠担任副主编,黄河水利职业技术学院雷恒担任主审。

本书在编写过程中,得到了治河防洪同仁们的大力支持和帮助,参考引用了黄河网、水利之声等相关网站和著作、教材及论文,黄河水利职业技术学院的徐鹏教师、蔡俊杰学生及华北水利电力大学蒋卓、杨媛媛、孟洛宇、裴佳德、万嘉辉、王毅薄等学生参与了收集资料、整理数据,对提供帮助的同仁、作者及学生,在此一并致以诚挚的谢意!

由于编者水平有限,书中难免存在错漏和不足之处,恳请广大师生及专家、读者批评指正。

编　者

2023 年 3 月

目 录

第一章

黄河治理导论

第一节 认识母亲河——黄河

一、黄河形成

黄河,发源于青藏高原巴颜喀拉山北麓约古宗列盆地,水面落差 4 480 m,蜿蜒东流,穿越黄土高原及黄淮海大平原,注入渤海。可谓雪原雷动下天龙,一路狂涛几纵横。黄河干流全长 5 464 km,为中国的第二大河,也是世界第五长河流。在中国历史上,黄河及沿岸流域给人类文明带来了巨大的影响,是中华民族最主要的发源地,黄河被称为"母亲河"。

地质学家说,海洋生出高山,高山生出黄河。黄河的万里奔流是从鄂尔多斯断块周缘断裂系的内陆湖泊演化而来的。大约 150 万年之前,强烈的喜马拉雅运动使地壳断裂起伏呈脉冲式增强,青藏高原、黄土高原迅速抬升,共和湖、汾渭湖、三门湖等湖盆之间逐渐连通,河湖一体,一条统一的面向海洋的泱泱巨川诞生了。随着支流汇入、水沙作用,到距今 10 万至 1 万年间的晚更新世,黄河逐步演变成为从河源到入海口上下贯通的大河。

二、黄河流域面积

(一)20 世纪五六十年代采用的流域面积

1954 年,黄河规划委员会在编制《黄河综合利用规划技术经济报告》时,根据当时的地形图量算,黄河流域面积为 745 100 km²,河道长 4 845 km。截至 20 世纪 60 年代,《黄河流域水文年鉴》中一直把黄河罗家屋子作为黄河入海口,流域面积为 737 699 km²。

(二)20 世纪 70 年代重新量算提出的成果

为适应黄河治理开发的需要,黄河水利委员会与沿黄各省区水文总站协作,从 1972 年 3 月开始,按统一的方法和技术标准,以国家测绘总局和中国人民解放军总参谋部 1969 年分别出版的 1∶50 000 航测图或实测图为主,对黄河干支流的流域特征值重新进行了量算,并将新量成果向水电部作了报告。水电部在〔1973〕水电水字第 100 号文中批复,同意"将新量成果,专册刊印,公布使用"。1973 年水电部同意将新量成果专册刊印,公用使用。黄河流域面积原为 737 699 km²,新量成果为 752 443 km²。黄河干流全长原为 4 845 km,新量成果为 5 464 km。以往"黄河流经八省区"的提法,改为流经九省区,即:青海省、四川省、甘肃省、宁夏回族自治区、内蒙古自治区、山西省、陕西省、河南省和山东省。

1986 年以后,修订《黄河治理开发规划》期间,决定将黄河流域范围内的内流区面积计入,黄河流域面积修订为 79.5 万 km²,黄河集流面积仍为 75.2 万 km²。

三、黄河"地上悬河"与黄河改道

挟带大量泥沙的洪水自黄河中游,进入一马平川的下游后,河面开阔、流速减缓,泥沙迅速沉积,河床宽浅、水流散乱、主流游荡不定,为防止洪水漫溢,人们开始在黄河下游河道两岸筑堤约束防洪,致使行洪河道不断淤积抬高,下游行洪河道成为高出两岸的"地上悬河"（见图 1-1）。

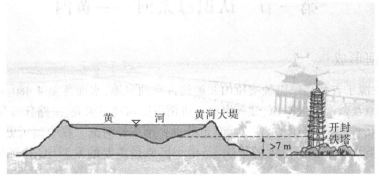

图 1-1 "地上悬河"示意图

图 1-1 为黄河开封河段"地上悬河"示意图，可以看出黄河河床高程已高出开封市区地平面 7~8 m，最高处达 10 m 以上，从而导致了两岸大堤日增年高。因黄河被两岸大堤夹护着从开封城北高处汹涌流过，形似天河，故人们将这种人工奇观称为"地上悬河"。

"地上悬河"的形成，在一定条件下加剧了黄河的决溢泛滥，改走新道。据统计，从先秦到 1949 年，黄河共决溢 1 590 次，改道 26 次，其中大改道 5 次。黄河河道变迁的范围，西起郑州附近，北抵天津，南达江淮，纵横 25 万 km²。公元前 602 年至 1128 年的 1 700 多年间，黄河的迁徙大都在现行河道以北地区，侵袭海河水系，流入渤海。自 1128 年至 1855 年的 700 多年间，黄河改道摆动都在现行河道以南地区，侵袭淮河水系，流入黄海。1855 年黄河在河南兰考东坝头决口后，改走现行河道，夺山东大清河入渤海。黄河下游河道迁徙变化剧烈，这在世界上是独一无二的。由于黄河下游河道不断变迁改道，以及海侵、海退的变动影响，黄河下游地区的河道长度及流域面积也在不断变化，这是黄河不同于其他河流的显著特点之一。

四、黄河悠久历史

早在 6 000 多年前，黄河流域内已开始出现农事活动。大约在 4 000 多年前流域内形成了一些血缘氏族部落，其中以炎帝、黄帝两大部族最强大。后来，黄帝取得盟主地位，并融合其他部族，形成"华夏族"。后人把黄帝奉为中华民族的祖先，在黄帝出生地河南省新郑市有黄帝宫，在陕西省黄陵县有黄帝陵，世界各地的炎黄子孙，都把黄河流域认作中华民族的摇篮，称黄河为"母亲河"。千百年来，滔滔黄河水呈"几"字形贯穿中华大地，哺育着一代又一代华夏儿女，传承着璀璨夺目的中华文明。

远古时期，黄河中下游地区气候温和，雨量充沛，适宜于原始人类生存。黄土高原和黄河冲积平原土质疏松，易于垦殖，适于原始农牧业的发展。黄土的特性，利于先民们挖洞聚居。黄河的自然地理环境，为我国古代文明的发育提供了较好的条件。

从公元前 21 世纪的夏代开始，迄今 4 000 多年的历史时期中，历代王朝在黄河流域建都的时间延绵 3 000 多年。中国历史上的"八大古都"，在黄河流域和近邻地区的有安阳、西安、洛阳、开封、郑州。像洛阳被誉为"九朝古都"，历史上先后有东汉、魏、隋、唐、后梁、后周等朝代都曾在洛阳建都；开封有"八朝古都"之称，历史上先后有夏，战国时期的魏,五代时期的后梁、后晋、后汉、后周,北宋和金定都于此。中国古代的"四大发明"——造纸、活字印刷、指南针、火药,都产生在黄河流域。从诗经到唐诗、宋词等大量文学经典,以及大量的文化典籍,也都产生在这里。黄河流域有 3 000 多年处于政治、经济、文化中心,悠久的历史为中华民族留下了十分珍贵的遗产,留下了无数名胜古迹,是我们民族的骄傲。

※黄河小知识

为什么华夏民族又被称为"炎黄子孙"?

大约在 5 000 年以前,黄河中上游地区曾居住着许多部落。黄帝就是其中一个部落的首领。黄帝姓姬,号轩辕氏。与黄帝同时代的,还有居住在黄河上游以炎帝为首领的部落。相传炎帝姓姜,他教导人们种植五谷和改进生产工具,也曾遍尝百草,发明了医药,被称为"神农氏"。此外,与他们同时代的还有以蚩尤为首领的部落。后来,炎帝和黄帝的部落结成联盟,打败了蚩尤。炎、黄两部落在分分合合之中渐渐融合在一起,黄帝成为两大部族联盟的首领。此后,周围的各部落也逐渐融合到炎黄部落当中,形成了一个强大的民族。炎帝和黄帝被奉为中华民族的祖先,华夏民族也因此自称为"炎黄子孙"。

第二节　古人治理黄河故事

一、古人兴建水利工程

兴修水利,历史悠久。中国最早的灌溉工程,首推黄河流域的滮池。到了战国初期,黄河流域开始出现大型引水灌溉工程。公元前 422 年,西门豹为邺令,在当时黄河的支流漳河上修筑了引漳十二渠,灌溉农田。公元前 246 年,秦在陕西省兴建了郑国渠,引泾河水灌溉 4 万多顷,"秦以富强",郑国渠为秦统一中国发挥了重要作用。

二、古人治理黄河

黄河治理,最早追述于公元前 2 000 多年前的大禹治水,三过家门而不入为后人称颂。西汉贾让提出了对后人具有指导作用的上、中、下治河三策,东汉王景"十里立一水门"的治河实践成效显著。

北宋建都开封,当时黄河水患严重,朝廷对治河很重视,特别是王安石主持开展机械浚河,引黄、引汴发展淤灌等,在治黄技术上有不少创新。明末清初,治河事业有很大发展,堤防修守及管理维护技术都有进步,涌现了以潘季驯、靳辅为代表的一批治河专家。下面介绍历史上治理黄河卓有成效的名人代表。

(一)大禹治水故事

大禹治水(见图1-2)十三年,三过家门而不入的动人故事有口皆碑,他的分流治黄方案,来自他少年时代的胆识和勤奋。

图1-2 大禹治水

据说在舜作部落首领的时候,黄河泛滥成灾,淹没了庄稼,冲塌了房屋。为此舜心中很是忧虑,便任命一个叫鲧的人作治水官。由于鲧治水不得要领,九年间浪费了大量人力、物力也没成效,鲧被舜处死。禹的故事就是在这个时候发生的。

禹,是鲧的儿子,幼而聪慧、善动脑子。鲧被处死前,其属下就曾多次议论鲧只堵不疏的治水方法不对,禹听到后,感到有道理,便去劝说父亲改变治水方法。他说:大家都说治水应修河道,把水引走,您光堵不疏的方法不对。

但鲧固执己见,就是不听,并对禹大加训斥:你一个小孩子懂什么?自古以来就是兵来将挡,水来土掩。结果造成了更大的水患,于是鲧被处死了。鲧死后,禹自告奋勇要求舜把治水的任务交给他。舜见禹只是个十几岁的孩子,就如此有志气,很为感动;但又觉得他年龄幼小,担负不起治水重任,便让众大臣讨论决定。参加讨论的官员认为,禹年龄虽小,却胆识非凡,对治水的设想也很有道理,建议让禹去试试。舜一时找不到更合适的人选,也就同意了。

禹接受治水任务以后,没有急于动手,而是带领人沿着黄河经过的地方进行深入细致的调查研究,广泛听取当地民众的意见,认真总结他父亲治水时的经验教训。禹分析认为黄河发源地高,水流急又大,是黄河多次漫堤或冲决河堤泛滥成灾的原因。于是,修筑堤坝和疏通河道相结合的治水方案在禹的脑海中形成了。这年,禹只有15岁。

治水方案形成后,经报舜批准,禹便带领大军,在沿黄各地人民的支持下,按他的治水方案开始治水了。经过13年的艰苦奋斗,三过家门而不入,禹在下游将黄河分流,一条流路经山东博兴附近的清河入海,另一条流路从河南浚县、范县,途经山东临沂、滨县等地入海,水患终于被治服了。

禹治水成功,受到了人民群众的拥护,被称为"大禹",并被推荐为舜的继承人。舜死后,禹担任了部落首领,并逐步行使了王权,后来史家称其为"禹王"。黄河自大禹治理之后,在下游虽然也有过几次改道,但是总的来说,黄河为利而不为害,真正成为中华民族的"母亲河"。

大禹治水是一个流传千年的传说,大禹心系水患,不畏艰苦,历经百般磨难,终于将黄河水脉疏通,使其不再对沿岸百姓造成威胁,可以说,大禹是一代明君的典范。几千年来,大禹治水的传说流传了一代又一代,直到今天,它依然是古人智慧的结晶。

(二)王景治理黄河故事

王景(见图1-3),字仲通,博学多才艺,善治水,曾成功修过浚仪渠(汴渠的一段)。东汉永平十二年夏,他和王吴组织军士数十万人,耗资100多亿钱,历时一年治理黄河和汴河。王景提出了"十里立一水门,令更相洄注"的治河策略,王景的水门是在坝上加石头,与黄河河堤相连,留下一丈多宽的豁口,用厚木板卡住,相当于我们现在的水闸,水多时闸门打开,水少时闸门关闭。水门设置后,滚滚黄河顺利流入汴渠,灌溉两岸田地,从此,黄河下游两岸被淹过的几十个县的土地都变成了良田。

图1-3 王景治水

王景修建渠道时,科学地按照地面落差选择河道的流路,保持水流尽可能平稳,避免自然破坏,在河道急转弯之处,修建石堤,并将淤塞的地方疏浚挖开,分出支流,以灌溉土地。王景还自荥阳(今郑州西北)到千乘海口(今利津县境)筑黄河堤1 000余里,防护险要堤段。

从世界水利史上看,在生产力很落后的情况下,王景提出的治理黄河的方法及修建的工程,大大缓解了黄河自身的压力,黄河决溢灾害明显减少,出现了一个相对平稳的时期。自此,黄河800年不曾改道。王景获得了民众的尊敬,也无愧于被民众称为"治水奇人"。

(三)潘季驯治理黄河故事

潘季驯(1521—1595年),字时良,号印川,今浙江湖州人。明中期大臣,治理黄河的水利专家,享有"世界水利泰斗"的美称(见图1-4)。

从明嘉靖四十四年开始,到明万历年间止,黄河决口,河水泛滥。潘季驯先后4次出任总理河道都御史,主持治理黄河和运河,前后持续27年。潘季驯为明代治河诸臣在官最长者,在长期的治河实践中,他吸取前人成果,全面总结了治河实践中的丰富经验,著成《宸断大工录》《两河管见》《河防一览》等书,绘制《河防一览图》,还发明了束水攻沙法。束水攻沙法主要是通过修建堤坝稳定河槽,相对缩窄河道横断面,增大流速,提高水流挟沙能力,利用水的冲力,冲击河床底部泥沙,从而达到清淤防洪的目的。

图1-4 潘季驯治水

在潘季驯治理黄河之前,中国治理黄河注意的都是洪水的危害,而忽略了河中的泥沙对河道的影响,更没考虑黄河的泥沙如何处理。黄河中上游大量泥沙被水裹挟而下,到了水势平缓的下游平原就聚集堆积。久而久之,泥沙堆积得越多,河道水位也就越高,河两岸的堤坝就难以承受压力,最后导致堤坝崩溃,洪水奔涌而出,淹没农田房屋。

潘季驯通过细致的观察,发现了泥沙对河床淤积的影响,提出了以水攻沙的方法并进行实践。潘季驯先在徐州和宿迁之间修了370里的黄河大堤用以试验,以水冲沙取得了初步成效。在治河实践中,潘季驯发现束水攻沙与防洪两者之间容易发生矛盾,就想到在主河槽两岸修建缕堤,在距主河槽较远处修建遥堤,缕堤用以约束水流束水攻沙,遥堤用以防御洪水(见图1-5)。潘季驯在水患严重的各地修建堤坝,又对修建已久薄弱的堤坝进行加固维修。潘季驯的治黄策略对黄河的控制产生了极大的作用。

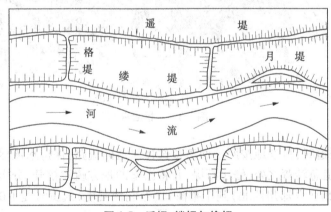

图1-5 遥堤、缕堤与格堤

束水攻沙法是潘季驯首次提出的,此方法深刻地影响了后代的治黄思想和实践,他被誉为"千古治黄第一人"。世界著名河工专家、德国水利专家恩格斯教授叹服道:潘氏分清遥堤之用为防溃,而缕堤之用为束水,为治导河流的一种方法,此点非常合理。可以看出,潘季驯的束水冲沙法实际上是很先进、很智慧的一种水利科技,他的发明令世界都为之惊叹。在那个时候,科技并没有现在发达,潘季驯通过总结前人的经验,自己多年探索,得出了治理黄河的方法,这种探索精神难能可贵。

纵观治黄历史,在新中国成立以前,尽管黄河的治理实际上主要局限于黄河下游,主要是被动地防御洪灾,但是,悠久的治河历史留下了浩繁的文献典籍,为世界上其他河流所罕见,是一份珍贵的遗产,值得我们进一步研究和借鉴。

※黄河小知识

贾鲁治河的主要业绩是什么?

自南宋杜充决河之后,黄河长期多股分流,夺淮入海,流路散乱,河道淤积严重,河患增多,进入元代以后,决口次数之多、淹没范围之大、情况之严重,达到了前所未有的程度。与频繁的河患对应,元代治水活动丰富,其中贾鲁治河是一个成功的范例。

贾鲁是元代著名的河防大臣,也是一位在治理黄河上卓有成效的水利专家。元至正四年(1344年)五月,黄河在白茅(今山东曹县)决口,六月又北决金堤,泛滥达七年之久,鲁西南受害面积甚广。同时,河水侵入会通河,引起了统治者的重视。白茅决口后,当时任都水监的贾鲁奉命沿下游河道考察,提出了修筑北堤和疏浚故道、堵复口门挽黄归故二策。元至正十一年,朝廷任命贾鲁为二品工部尚书兼总治河防使,征发民工15万人及兵卒2万人,主持堵口大工。

这次堵口采取了"疏塞并举、挽河东行、使复故道"的策略。第一步整治河道,疏浚减水河;第二步筑塞小口门,培修堤防;第三步集中力量修筑黄陵大口,挽河回归故道。在堵口的关键时刻,贾鲁利用沉船法,在口门排了27艘载有散草和石头的大船,依次下沉,层层筑起"石船大堤",然后用卷埽压厢,最后实现河复故道、汇淮入海。

第三节　新中国治理黄河成就

一、国家领导人关心治黄事业

人民治黄以来,尤其新中国成立后,党中央、国务院和各级政府一贯高度重视和支持治理黄河,将重大治黄建设纳入国家经济和社会发展计划,及时付诸实施,有力地推进了治黄事业的发展。

1952年10月,毛泽东主席第一次离京外出巡视,首先就是视察黄河,并发出了"要把黄河的事情办好"的伟大号召,以后又多次听取治黄工作汇报,对治黄工作作了重要指示。周恩来总理更是直接领导治黄工作。

江泽民、胡锦涛等党和国家领导人,也都多次亲临黄河视察,听取治黄工作汇报,并作了许多重要指示。

党的十八大以来,习近平总书记多次实地考察黄河流域生态保护和发展情况,多次就三江源、祁连山、秦岭等重点区域生态保护建设提出要求。2019年8月至2020年6月,在不到一年的时间里,习近平总书记4次考察黄河,可以看出,这条"母亲河"在总书记心中的分量。

2019年9月,习近平总书记在河南考察时调研黄河,提出了黄河流域生态保护和高质量发展的重大国家战略。坚持绿水青山就是金山银山的理念,坚持生态优先、绿色发展,以水而定、量水而行,因地制宜、分类施策,上下游、干支流、左右岸统筹谋划,共同抓好大保护,协同推进大治理,着力加强生态保护治理、保障黄河长治久安、促进全流域高质量发展、改善人民群众生活、保护传承弘扬黄河文化,让黄河成为造福人民的幸福河。

二、科学治黄取得举世瞩目成就

为搞好黄河的治理与开发,1950年1月25日,中央人民政府决定黄河水利委员会为流域性机构,直属中华人民共和国水利部领导,统一领导和管理黄河的治理与开发,对保障黄河防洪安全起到了很好的作用。

人民治黄事业,很重视调查研究,全面了解黄河河情,注重应用科学技术,搞好全面规划,依靠科学技术进步,科学治黄。早在20世纪50年代初期,黄河水利委员会和有关部门就组织开展了大规模的勘测工作和科学考察。1954年10月底,《黄河综合利用规划技术经济报告》基本编制完成,1955年7月30日,第一届全国人民代表大会第二次会议通过了《关于根治黄河水害和开发黄河水利的综合规划的决议》,批准了《黄河综合利用规划》的原则和基本内容,并责成有关部门按时完成治理开发的第一期工程。

《黄河综合利用规划》明确指出:我们对于黄河采取的方针,不是把水和泥沙送走,而是要对水和泥沙加以控制、利用。第一,在黄河干流和支流上修建一系列的拦河坝和水库,拦洪、拦沙、调节水量、发电、灌溉。第二,主要在甘肃、陕西、山西三省,展开大规模的水土保持工作。既防治了上中游地区的水土流失,也消除了下游水害的根源。提出了修建三门峡水库拦洪拦沙,尽快解除下游水患。全国人民代表大会批准《黄河综合利用规划》,是治黄事业迈向新时代的一个鲜明标志,对动员全国人民关心和支持治黄工作起到了重要作用。

治黄实践和科学技术的发展,逐步深化了对黄河河情的认识。在治黄进程中,根据经济和社会发展的要求,对黄河治理开发规划和建设安排作了一些重大的调整。1984年,经国务院批准,国家计委下达了《关于黄河治理开发规划修订任务书》,要求对黄河规划进行一次系统的修订,进一步推进黄河的治理与开发。1996年初,黄河水利委员会会同国务院有关部门和流域内各省区相关人员,完成了《黄河治理开发规划纲要》的编制工作。《黄河治理开发规划纲要》总结了人民治黄的实践经验,利用科学研究新成果,根据各方面情况的发展变化,提出了今后进一步治理开发黄河的方向和重大措施,以及2010年前的治黄建设安排,为治黄事业的发展绘制了一幅新的蓝图。

黄河治理按照全面规划,统筹安排,标本兼治,除害兴利,全面开展流域的治理开发,有计划地安排重大工程建设。中央各有关部门、地方各级政府和广大人民群众,齐心协力参加治黄工作,依靠科学技术治理黄河。经过将近半个世纪的建设,黄河干流上建成了三门峡、小浪底等水利枢纽,开辟了北金堤、东平湖等平原蓄滞洪工程,加高加固了下游两岸堤防,开展河道整治,形成了"上拦下排,两岸分滞"蓄泄兼筹的防洪工程体系。逐步完善了非工程防洪措施,黄河洪水得到一定程度的控制,防洪能力比过去显著提高,防洪标准由原来的 60 年一遇提升到 1 000 年一遇。

新中国的治黄工作,比过去有了质的飞跃,除害兴利成效显著,取得了令世人瞩目的伟大成绩,充分体现了社会主义制度的优越性。

三、坚持不懈推动黄河流域高质量发展

黄河的治理与开发,是关系国家经济和社会持续发展的一件大事。治理黄河,又是一项艰巨复杂的事业,需要一代又一代人长期坚持不懈的努力。黄河治理与开发虽然已经取得很大进展,但今后的治理任务还十分繁重。防治水土流失、消除下游水患、合理利用水资源等都需要进一步解决。客观情况在不断发展,对黄河河情的认识也需要不断深化。我们坚信,依靠中国共产党的领导,依靠社会主义制度的优越性,经过一代又一代人长期地、持续地科学治理黄河,消除黄河水害,开发黄河水利目标是能够实现的。

"治理黄河,重在保护,要在治理。"习近平总书记目光深邃:保护黄河是事关中华民族伟大复兴和永续发展的千秋大计。要坚持山水林田湖草综合治理、系统治理、源头治理,统筹推进各项工作,加强协同配合,推动黄河流域高质量发展,创作好新时代的黄河大合唱!

※黄河小知识

中国共产党领导的人民治理黄河事业始于何时?

中国共产党领导的人民治理黄河事业开始于 1946 年。抗日战争胜利后,为应对黄河回归故道,做好故道内群众迁移救济、开展修堤整险等工作,1946 年 2 月,冀鲁豫解放区黄河故道管理委员会在山东菏泽成立,5 月改为冀鲁豫解放区黄河水利委员会。同期,渤海解放区成立修治黄河工程总指挥部,并组建山东省河务局。解放区治河机构的组建,标志着中国共产党领导的人民治理黄河事业的开端。

第二章
黄河河型及水沙情况

第一节　黄河河型

一、河型分类及特点

河流根据地理位置不同,可分为山区河流和平原河流两大类型。由于山区河流和平原河流所处的地理、地质、地貌和气象条件的差异,其形成过程也不同,各自具有特性。

(一)山区河流特点

流经地势高峻、地形复杂山区的河流称为山区河流。它的形成主要与地壳构造运动和水流侵蚀作用有关,即水流在由地质构造运动所形成的原始地形上不断侵蚀,使河谷不断纵向切割和横向拓宽而逐步发展形成。因此,河谷断面宽深比一般较小,往往呈"V"字形或"U"字形,如图2-1所示。

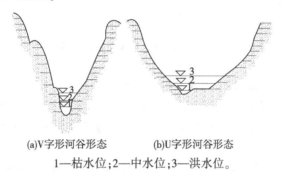

(a)V字形河谷形态　　　(b)U字形河谷形态

1—枯水位;2—中水位;3—洪水位。

图2-1　山区河流河谷横剖面形态图

山区河流的平面形态十分复杂,河道曲折多变,河岸线沿程宽窄相间,急弯卡口比比皆是,两岸与河心常有巨石突出,仅在宽段才有比较规律的卵石边滩或心滩出现。

山区河流的河床纵剖面十分陡峻,急滩深潭上下交替,床面起伏较大,常呈阶梯形,图2-2为川江河床纵剖面图。

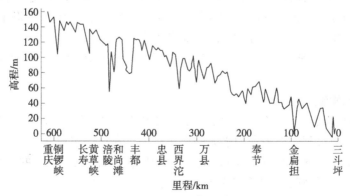

图2-2　川江重庆至三斗坪河床纵剖面图

天然山区河流重要的水文特点是流量与水位变幅极大,洪水猛涨猛落。这是山区坡面陡峻,岩石裸露,汇流时间短,径流系数大,气温变化大,降雨强度也大所致。山区河流在降雨后,常常很短时间就出现洪峰,雨过天晴,洪水又迅速消落。年内洪峰变幅很大,一般洪水持续时间短,无明显的中水期,而且洪水期与枯水期有时难以截然划分。洪水期久晴不雨,可能出现枯水;枯水期如遇大雨,也可能出现洪水。图 2-3 为某山区河流的水位过程线。

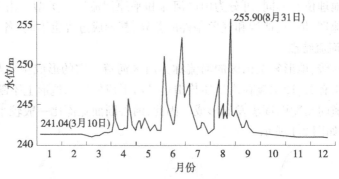

图 2-3　某山区河流水位过程线

天然山区河流的水面比降、流速一般都较大,而且受河床形态影响,沿程分配极不均匀,绝大部分落差集中于局部河段。此外,河床上存在的急弯、卡口等滩险,造成很大的横比降,对航行威胁很大。同时,这些滩险由于在不同水位下壅水情况不同,比降的因时变化也十分突出。

天然山区河流的流态,由于受不规则的河床形态的影响,常有回流、漩涡、跌水、水跃、横流等出现,十分紊乱。

山区河流的河床多由原生基岩、乱石或卵石组成,卵石粒径常沿程呈递减趋势;河流泥沙中悬浮的大都是中细沙和黏土,地区不同水中泥沙含量也不同,一般与岩石风化程度和植被覆盖率有关。由于山区河流比降及流速大,河流中的泥沙多数集中在河底运动,粒径粗,组成比较均匀。

山区河流比降陡,流速大,泥沙含量不饱和,有利于河床向冲刷变形方面发展,但河床多系基岩或卵石组成,抗冲性能强,冲刷受到抑制。因此,山区河流变形十分缓慢。但在某些河段,由于特殊的边界、水流条件,可能发生大幅度的暂时性的淤积和冲刷。另外,在遭受地震、山崩、大滑坡、山洪暴发等突然而强烈的外界因素影响时,也会使河床发生显著变形。

(二) 平原河流特点

流经地势平坦、地质疏松的平原地区的河流称为平原河流。平原河流与山区河流的形成不同,其形成过程主要表现为水流的堆积作用。在这一作用下,平原上淤积成广阔的冲积扇,形成数十米甚至数百米以上深厚的冲积层;河口淤积成庞大的三角洲,我国黄河下游的华北平原和长江三角洲便是这样形成的。

平原河流由于河流发育过程中的水选作用,冲积层的组成具有分层现象,淤积过程河床逐步细化,最深处多为卵石层,其上为夹沙卵石层,再上为粗沙、中沙以至细沙,在枯水位以上的河漫滩表层部分则有黏土存在,某些局部地区也可能存在深厚的黏土。

平原河流的河谷横断面宽浅,具有宽阔的河漫滩,如图2-4所示。河漫滩是位于中水河槽两侧,在洪水时能被淹没,中、枯水位时露出水面的高滩。洪水漫滩后,由于过水断面增大,流速降低,泥沙首先沿主槽岸边落淤,随着水流向下游及河漫滩侧向漫流,淤积的泥沙数量便逐渐减少,粒径也逐渐变细,经过漫长的时间演进,沿主槽两岸泥沙淤成较高的自然堤,河漫滩边缘地带则形成一些湖泊洼地,在河漫滩上形成明显的横比降。同时,河漫滩的纵比降也较主槽水流的平均比降为大,这与河漫滩上的沿程落淤细化有关。

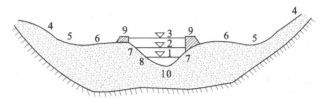

1、2、3—枯、中、洪水位;4—谷坡;5—谷坡坡脚;6—河漫滩;
7—滩唇;8—边滩;9—自然堤;10—冲积层。

图 2-4 平原河流的河谷形态

在平原河流的主槽中,水流与河床不断的相互作用,往往形成一系列的泥沙成型堆积体。与河岸相接、枯水时露出水面的沙滩称为边滩(岸滩)。上下两边滩之间的部分称为沙埂,沙埂上水深较浅。当沙埂上水深不能满足通航要求时,沙埂又称为浅滩。边滩不断向下游延伸,伸入河中的狭长部分称为沙嘴。位于河心低于中水位的沙滩称为江心滩,高于中水位的沙滩称为江心洲。这些泥沙成型堆积体的分布情况大体上如图2-5所示。在天然河流上,由于各种影响因素十分复杂,成型泥沙堆积体的结构形式和分布情况往往千差万别,但仍然存在共同特性,成型泥沙堆积体形状、位置、大小、高程经常处于发展变化之中,是平原河流河床演变中最活跃的因素。

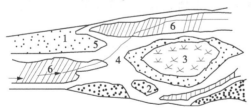

1—边滩;2—江心滩;3—江心洲;4—沙埂;
5—沙嘴;6—深槽。

图 2-5 平原河流中的泥沙成型堆积体

平原河流的河床由细沙质组成,其河床纵剖面与山区河流纵剖面相比,沿流程没有明显的阶梯状变化。但是,由于深槽浅滩交替,所以河床纵剖面是有起伏的平缓曲线,其平均纵向坡降与山区河流相比较小。

平原河流的水文特点与山区河流的水文特点有很大的差别。由于集雨面积大,流经地区多为地形坡度平缓、土壤结构疏松的地带,因而汇流历时长。另外,因大面积上降雨分配不均匀,支流汇入时间次序先后错开,所以洪水无猛涨猛落现象,持续的历时相对较长,流量变化与水位变幅较山区河流小。图2-6为2022年黄河花园口汛期水位变化曲线。

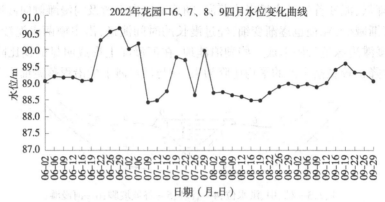

图 2-6   2022 年黄河花园口汛期水位变化曲线

平原河流由于河床纵坡平缓,所以水面比降一般较小,沿程分布变化也小,流速也相应较小,一般都在 2~3 m/s 以下。此外,平原河流的水流流态比较平缓,没有山区河流的跌水、横流、急漩、水跃等险恶现象。

平原河流中的泥沙多悬浮在水中,泥沙粗细差别极大,并且泥沙含量多少及粒径粗细与流域特点和气象条件有关,河底运动的泥沙量只占少部分。

平原河流的河床演变与河型关系甚大,不同的河型具有不同的演变规律。但总体来说,平原河流的变形比山区河流更复杂。

二、黄河上、中、下游

黄河发源于青藏高原约古宗列盆地,从河源到内蒙古托克托县的河口镇为黄河上游,河口镇至郑州桃花峪为中游,桃花峪以下为下游,最终在山东利津汇入渤海(见图2-7)。干流全长 5 464 km,流域面积 79.5 万 km²(包括内流区面积 4.2 万 km²)。

图 2-7   黄河上、中、下游

(一)上游

河源至内蒙古自治区托克托县的河口镇为黄河上游,河道长 3 471.6 km,流域面积

42.8 万 km²,占全河流域面积的 53.8%。上游分以下几个河段。

1.玛曲至玛多河段

黄河上游玛多县多石峡以上称河源区,河源当地称玛曲。在此河段黄河从河源流经星宿海,进入黄河上游最大的两个高原淡水湖——扎陵湖和鄂陵湖,再流经黄河上设立的第一座水文站,也是黄河上游的第一座县城玛多,该河段流域面积 2 万多 km²,年水量 5 亿 m³,河面宽 30~40 m。

2.玛多至下河沿河段

此河段河道长 2 211.4 km,水面落差 2 985 m,是黄河水力资源的富矿区。该河段峡谷总长约占本河段的 40%,各峡谷长短不一,短的峡谷仅数千米,长的可达 200 km,最长的峡谷是全长 216 km 的拉加峡,上下口落差 588 m,蕴藏的水力资源十分丰富。峡谷两岸通常是高出河面百余米至 600~700 m 险峻不同的陡峭山崖。峡谷上段河面宽仅 30~50 m;下段河谷稍宽,200~300 m。此河段比降最陡的峡谷是龙羊峡,峡长 38 km,落差 235 m,纵比降 6.1‰。

黄河上最窄的峡谷野狐峡就在此河段,野狐峡长 33 km,左岸为 40~50 m 高的石梁,右岸为峭壁,高达 100 m,两岸岸距很小,河宽仅 10 余米,从峡底仰视,仅见青天一线。河段内已建成龙羊峡、刘家峡、盐锅峡、八盘峡、李家峡、大峡等水电站及水利枢纽。黄河的开发建设,对促进西北地区工农业发展起到了重要的作用。

3.下河沿至河口镇河段

该河段河道长 990 km,区间流域面积 17.4 万 km²,水面落差 246 m,河道比降 2.5‰,是宽浅的平原型冲积河流。黄河在本河段开始由南向北流,至三盛公又逐渐折向东流,到河口镇则又转向南流,构成了著名的"黄河河套"。此河段有长 317 km、河宽 400~3 000 m、比降为 4.5‰富饶的宁夏平原,还有河长 585 km、河宽 500~2 500 m、比降 1.3‰、水流缓慢的内蒙古河套平原。

本河段支流汇入较少,河道微有淤积。洪水主要来自兰州以上,为了保护平原免受洪凌灾害,宁夏、内蒙古境内均修有堤防。

(二)中游

黄河自河口镇至河南省郑州市的桃花峪为中游。中游河段长 1 206.4 km,流域面积 34.4 万 km²,占全河流域面积的 43.3%,落差 890 m,平均比降 7.4‰。中游分以下几个河段。

1.河口镇至禹门口河段

黄河自河口镇急转南下,直至禹门口,飞流直下 725 km,水面跌落 607 m,比降为 8.4‰。滚滚黄流,奔腾不息,将黄土高原分割两半,构成峡谷型河道。以河为界,左岸是山西省,右岸是陕西省,因之此河段称为晋陕峡谷。

本河段与上游弯曲的川峡相间型河道相比,比较顺直,河谷谷底宽度大部分在 400~600 m。该河段支流水系特别发育,大于 100 km² 的支流有 56 条。此河段峡谷段的流域面积 11 万 km²,仅占全河集流面积的 15%,但峡谷两岸是广阔的黄土高原,土质疏松,水土流失严重,此区间支流平均每年向黄河干流输送泥沙 9 亿 t,占黄河全河年输沙量的 56%,是黄河流域泥沙来源最多的地区。

晋陕峡谷河段下段,黄河由 250~300 m 宽的水面,骤然束窄,水流从 17 m 的高处,跌入 30~50 m 宽的石槽里,像一把巨壶注水,形成了景色极为壮观、黄河干流上唯一的壶口瀑布。

晋陕峡谷的末端是龙门,相传此处是大禹所凿,所以龙门又称禹门口。这里形势险要,两岸断崖绝壁,犹如刀劈斧削。左岸的龙门山与右岸的梁山隔河对峙,使河宽缩至 100 m 左右。滚滚河水夺门冲出,气势磅礴,诗人李白的"黄河西来决昆仑,咆哮万里触龙门"就是对此处水流真实的写照。黄河出晋陕峡谷,河面豁然开阔,水流平缓。从禹门口至潼关,河道长 125 km,落差 52 m,比降 4‰。河谷宽 3~15 km,平均宽 8.5 km。河道滩槽明显,滩面宽阔,滩面高出水面 0.5~2.0 m。本段河道冲淤变化剧烈,主流摆动频繁,有"三十年河东,三十年河西"之说,主流游荡不定。禹门口至潼关区间流域面积 18.5 万 km²,汇入的大支流有渭河和汾河。

2.禹门口至桃花峪河段

黄河过陕西潼关折向东流 356 km 至河南省郑州市的桃花峪,落差 231 m,平均比降 6‰。其中,三门峡以上 113 km 的黄土峡谷,较为开阔。三门峡以下至孟津 151 km,河道穿行于中条山与崤山之间,是黄河最后的一个峡谷段,此峡谷界于河南、山西之间,故称晋豫峡谷。

三门峡至桃花峪区间大支流有洛河及沁河,区间流域面积 4.2 万 km²,是黄河流域常见的暴雨中心。此区间暴雨强度大,汇流迅速集中,洪水来势猛,是黄河下游洪水的主要来源之一。孟津以下,是黄河由山区进入平原的过渡河段,部分地段修有堤防。

(三)下游

黄河桃花峪至入海口为下游,流域面积 2.3 万 km²,仅占全流域面积的 2.9%,河道长 785.6 km,落差 94 m,比降 1.11‰。下游河道横贯华北平原,绝大部分河段靠堤防约束。河道总面积 4 240 km²。此河段由于水流散乱、大量泥沙淤积,河道逐年抬高,形成举世闻名的"地上悬河",黄河约束在大堤内成为海河流域与淮河流域的分水岭。除大汶河由东平湖汇入外,下游无较大支流汇入。下游分以下几个河段。

1.桃花峪至高村河段

该河段长 206.5 km,两岸一般堤距 5~14 km,最宽达 20 km,河道宽浅,河心多沙洲,水流散乱,冲淤变化剧烈,主流游荡不定,泥沙淤积严重,是典型的游荡性河道。通过近些年的河道整治,该河段流路得到极大控制。

2.高村至陶城铺河段

该河段长 165 km,堤距 1.5~8.5 km,主槽摆幅及速率较游荡性河段小,一般在 3~4 km,属于游荡性河道与弯曲性河道之间的过渡性河段。经过河道整治,河槽已渐趋稳定。

3.陶城铺至利津河段

该河段长 310 多 km,堤距 0.4~5 km,两岸险工、控导工程鳞次栉比,防护段长占河长的 70%,河势已得到基本控制,平面变化不大,属于弯曲性河道,河势较为稳定。

4.黄河的河口段

利津以下是黄河的河口段。黄河河口位于渤海湾与莱州湾之间,滨海区海洋动力较弱,潮差一般 1 m 左右,属弱潮多沙、摆动频繁的陆相河口。由于黄河将大量泥沙输送到河口地区,大部分淤在滨海地带,填海造陆,每年平均净造陆地 25~30 km²,塑造形成了黄河三角洲。

三、黄河六大河湾

黄河干流自河源至入海口,主要有六大河湾,见图2-8。

图 2-8 黄河六大河湾

第一大湾是唐克湾。位于青海、四川、甘肃三省交界处,在原唐克湖水系基础上发育而成,名唐克湾,黄河在此绕阿尼玛卿山,先向东南流后转西北流成180°弯曲。

第二大湾是唐乃亥湾。黄河沿阿尼玛卿山和西倾山间的谷地向西北流,因受共和湖及其周围山地的影响,逐渐转向东南,又构成一个180°的大湾,名唐乃亥湾,是黄河第二大湾。

第三大湾是兰州湾。龙羊峡以下川峡相间,在兰州上下连续出现4个小湾,总的流向是先东后北,在兰州构成90°转弯,称为兰州湾,是黄河第三大湾。

第四大湾是河套河湾。受周围贺兰山、阴山、吕梁山和鄂尔多斯台地构造的制约,黄河先北流穿过银川盆地,再东流横过河套盆地,至托克托折向南下入晋陕峡谷,形成黄河最大的河套河湾,弯曲环抱鄂尔多斯台地,是黄河第四大湾。

第五大湾是潼关湾。黄河出禹门口后,直流南下进入汾渭盆地,至陕西潼关受阻于华山,急转90°东流,沿秦岭北麓直趋三门峡,称潼关湾,是黄河第五大湾。

第六大湾是兰考湾。该湾位于河南省兰考东坝头,系1855年黄河在铜瓦厢决口改道后形成的。决口前黄河东南流入黄海,改道后向东北流入渤海,形成45°的弯曲。该湾处于华北平原黄河冲积扇中部,两岸无山岳控制,唯凭堤防和控导工程约束。

四、黄河河型

(一)河型分段

河口镇以上的黄河上游为典型的山区河流,河口镇至桃花峪的黄河中游由山区河流向平原河流过渡。小浪底以上,河道穿行于中条山、崤山之间,黄河小浪底为干流上的最后一段峡谷,河型为山区河流。小浪底以下,河谷渐宽,是黄河由山区进入平原的过渡地段。

(二)黄河下游平原河流河型分类

黄河在河南省孟津县白鹤镇由峡谷进入平原地区,至山东省东营市垦利区注入渤海,全长 878 km。根据河床演变特点可分为 4 个河段(见图 2-9)。河南省孟津区白鹤镇至山东省东明县高村,河道长 299 km,河床宽浅,水流散乱,主溜摆动频繁,属游荡性河段;高村至山东省阳谷县陶城铺,河道长 165 km,河床逐渐变窄变深,主溜摆动减弱,属由游荡性向弯曲性转变的过渡性河段;陶城铺至东营市垦利区宁海,河道长 322 km,河床窄深,形态弯曲,主溜摆动幅度较小,属弯曲性河段;宁海至入海口河道长 92 km,为河口段,由于来沙大部分淤积在滨海、浅海一带,河道延伸到一定长度后,即在河口段发生改道,河口段处于淤积—延伸—摆动—改道的循环过程中。各河段的基本情况见表 2-1。

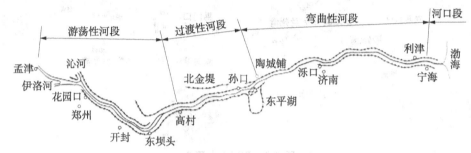

图 2-9 黄河下游河道平面示意图

表 2-1 黄河下游河道基本情况

河段		河型	河道长度/km	宽度/km			河道面积/km²			平均比降/‰
				堤距	河槽	滩地	全河道	河槽	滩地	
I	白鹤镇至郑州铁桥	游荡性	98	4.1~10.0	3.1~9.5	0.5~5.7	697.7	131.2	566.5	0.256
	郑州铁桥至东坝头		131	5.5~12.7	1.5~7.2	0.3~7.1	1 142.4	169.0	973.4	0.203
	东坝头至高村		70	5.0~20.0	2.2~6.5	0.4~8.7	673.5	83.2	590.3	0.172
II	高村至陶城铺	过渡性	165	1.4~8.5	0.7~3.7	0.5~7.5	746.4	106.6	639.8	0.148
III	陶城铺至宁海	弯曲性	322	0.5~5.0	0.3~1.5	0.4~3.7				0.101
IV	宁海至西河口	弯曲性	39	1.6~5.5	0.4~0.5	0.7~3.0	979.7	222.7	757.0	0.101
	西河口以下		53	6.5~15.0						0.119
全下游			878							

高村至陶城铺河段为河南、山东两省界河。左岸为河南省濮阳市的濮阳县、范县和台前县;右岸为山东省菏泽市的东明县、牡丹区(原菏泽县)、鄄城县、郓城县和济宁市的梁山县,泰安市的东平县。各地(市)、县(区)均设有河务局,主管堤防、河道整治等工程的建设和管理。由于该段河道处于由游荡性河道向弯曲性河道过渡段,因而河道特性及其治理有自身特点。高村至陶城铺河段河道长 165 km,仅占下游河道长度的 18.8%,堤距上宽下窄,上段一般宽 6~7 km,下段一般宽 3~4 km,最大堤距 8.5 km,最小堤距 1.4 km。同样,河槽也上宽下窄,一般宽 0.7~3.7 km,流量为 1 000 m³/s 时,弯道段河宽一般为 200~300 m,直河段河宽上段 600~800 m,下段 400~600 m。河床平均比降为 0.148‰,比游荡性河段小,比弯曲性河段大。

※黄河小知识

传说中的"鲤鱼跳龙门"中的龙门在什么地方？为什么龙门又称禹门口？

　　龙门位于壶口瀑布南面约 65 km 处,在晋陕峡谷的最南端——龙门之南。龙门的形成,是其东面的龙门山和西面的梁山各伸出山脊,相互靠拢,形成一个只有 100 多 m 宽的狭窄口门,束缚着河水,形成湍急的水流。每当洪水季节,峡口中的水位壅高,而冲出峡谷后,河谷突然变宽,水位骤然下降,于是在龙门形成明显的水位差,故有"龙门三跌水"之说。

　　"鲤鱼跳龙门",是说鲤鱼不畏险阻,逆流而上,跳跃这道雄关通向成龙之路的故事。古代人们对龙门峡谷这种自然奇观的形成,发挥想象,传说是大禹治水时凿开的一条峡口,因而龙门又被称为"禹门口"。

第二节 河流泥沙基础知识

一、泥沙来源及特性

　　一条河流最基本组成部分是水流、泥沙和河床,泥沙是水流与河床之间相互作用、相互影响的纽带与桥梁,河流中运动着的泥沙,主要来源于流域地表的水力侵蚀、风力侵蚀及原河床的冲刷。

　　河流泥沙特性分为泥沙颗粒的特性和泥沙群体的特性,下面主要介绍泥沙颗粒的特性。

(一)泥沙重度

泥沙重度是指单位体积泥沙颗粒的重量,以 kN/m³ 表示,其数值随泥沙的岩性不同而异,泥沙的矿物成分主要是石英和长石,重度一般约为 26.50 kN/m³。

(二)泥沙粒径

泥沙粒径是泥沙颗粒大小的一种量度,其常用的表示方法有等容粒径法、筛孔粒径法和沉降粒径法。等容粒径法,即用与泥沙颗粒体积相同的球体的直径作为泥沙粒径;筛孔粒径法,是用具有不同孔径的标准筛,对泥沙进行分筛,将泥沙颗粒能刚好通过的筛孔孔径作为泥沙粒径;沉降粒径法,即根据粒径与沉降速度的关系,由沉降速度算出泥沙的粒径。

(三)沉降速度

沉降速度指泥沙颗粒在无边界静水内的下沉速度,以 m/s 或 mm/s 表示。泥沙颗粒越大,其沉速越大,它也可作为泥沙颗粒大小的一种量度,故又称泥沙的水力粗度。沉降速度综合反映颗粒和水的特性,因而是泥沙运动的一个重要参数。

二、侵蚀模数

流域内每年每平方千米地面上被冲蚀泥沙的数量,常用侵蚀模数 M 来表示。侵蚀模数的大小主要与流域内水文、气象、植被、土壤、地貌等自然因素有关。

我国土壤侵蚀十分严重,每年流失土壤 50 亿 t,土壤侵蚀最严重的地区是黄河中游的黄土高原,一般侵蚀模数 $M>9\,000$ t/(km² · a),相当于地面每年普遍冲刷 5.4 mm 以上厚度的土层。而陕北的皇甫川、窟野河、无定河等流域个别地区侵蚀模数高达 20 000 t/(km² · a)。我国南方一些省份,植被覆盖良好,土壤结构密实,侵蚀模数则多在 160 t/(km² · a)以下。

黄土高原是世界上水土流失最严重的区域,20 世纪 50~90 年代年均入黄泥沙量 13 亿 t 左右。自 1999 年以来在黄土高原地区实施的退耕还林(草)工程及其他水土保持生态工程,通过植被恢复与重建,黄土高原植被覆盖度已从 1999 年的 31.6% 增加至 2013 年的 59.6%,黄河干流龙门、潼关水文站年输沙量大幅度减小,黄河年输沙量近期明显减少,已从 16 亿 t 减少到 21 世纪的 3 亿 t 左右,减幅超过 80%。

但黄土高原土壤侵蚀模数依然保持在 4 000~6 000 t/(km² · a),土壤侵蚀量仍在生态红线的 4 倍以上。通俗来讲,输沙量虽然减少,但沙土可能冲到沟里而堆积,坡面的水土流失依然严重,水土保持的程度距离生态安全目标仍有距离。水土保持工作,防止水土流失依然是我们当前解决黄河泥沙难题的重中之重。

注意,在水文文献中,反映水沙特征时常用输沙模数,输沙模数是指单位面积单位时间内通过河流某一断面的某一粒径范围内泥沙量,单位亦采用 t/(km² · a)。输沙模数与侵蚀模数有密切关系,但是二者概念不能混淆。

三、含沙量

浑水中含有泥沙的多少是用含沙量来表示的,含沙量有混合比含沙量、体积比含沙量和重量比含沙量三种表示方法。水文上常用混合比含沙量 S。

混合比含沙量是指单位体积浑水中泥沙的质量,根据混合比含沙量定义,可表示为

$$S = \frac{G_s}{V} \tag{2-1}$$

式中:S 为混合比含沙量,kg/m³;V 为浑水体积,m³;G_s 为浑水内泥沙质量,kg。

四、泥沙分类

(一)按颗粒直径大小分

根据颗粒直径大小,泥沙的分类见表2-2。

表2-2 泥沙按大小分类　　　　　　　　　　　　　　单位:mm

泥沙类型	顽石	卵石	砾石	砂	粉砂	黏土
泥沙颗粒	>200	200~20	20~2	2~0.05	0.05~0.005	<0.005

(二)按运动形式分

从河流泥沙的基本存在形式上看,河道里既有组成河床相对静止的泥沙,又有随水流输移运动的泥沙。前者称为床沙(河床质),一般床沙的颗粒组成要比运动的泥沙粗,组成也较均匀。而随水流输移的泥沙又因其运动形式的不同分为推移质和悬移质两类。

(1)推移质:是指在床面附近随着水流以滑动、滚动或跳动的形式运动着的泥沙,又称底沙。属水流所挟运的泥沙中较粗的部分,其运动范围均在床面附近1~3倍粒径的区域内,有明显的间歇性,其运动增加了水流的能量损失。

(2)悬移质:指悬浮于水中随水流前进的泥沙,又称悬沙。属水流所挟运的泥沙中较细的部分,运动速度与水流速度基本一致,借水流的紊动动能得以悬浮。

悬移质尽管在运动形式和运动规律上与推移质不同,但它们之间无明显界线。水流条件相同时,短时间内推移质中较细颗粒的泥沙可能以悬移质方式运动,悬移质中较粗颗粒的泥沙也可能以推移质方式运动。随着水流条件变化,就同一泥沙而言,水流流速较弱时,悬移质变成推移质,水流流速较强时,推移质变成悬移质,即推移质与悬移质之间也进行互相交换。

河流中的泥沙,从水面到河床其运动是连续的。在床面附近,受水流条件影响,悬移质、推移质、床沙之间都在不断地进行交换,不同运动型泥沙的相互转换过程,就是河床演变的过程。

另外,从河床演变的角度来说,河流中的泥沙又可分为两大类,其一为造床质(床沙质),它既可以推移质或悬移质的形式存在于水流层,也可以静止的形式存在于床面层,这两种形式的泥沙可以相互交换、相互补给,造成河床的冲刷粗化或淤积细化。另一类为非造床质(冲泻质),为悬移质中细颗粒泥沙,主要由流域侵蚀而来,以悬浮形式存在于水流层,自河底至水面,单位水体中含量相差甚微,在床面层中为数极少,当河段出现冲刷现象时,不可能由床面层得到充分补给。冲泻质随水流一泻千里,不在河槽中沉降,不参与河床泥沙的交换。

推移质一般仅占悬移质泥沙的5%~10%,在山区河流,有时可占10%~20%或更多。

五、泥沙运动

(一)推移质运动

1.泥沙起动

泥沙由原来静止不动的床沙转入推移质运动,这种现象称为泥沙的起动,此时对应的临界水流条件称为泥沙的起动条件。表达泥沙起动条件的形式通常有两种：一种是泥沙起动时的水流垂线平均流速，即起动流速；另一种是泥沙起动时的床面水流切应力，即起动切应力（起动拖曳力）。泥沙的起动是河床冲刷变形和底沙输移的先决条件。

用起动流速表示起动条件，比较有名的有沙莫夫提出的散体沙起动流速公式和武汉大学张瑞瑾教授提出的考虑黏结力起动流速公式，这里不再具体介绍。

2.推移质输沙率、输沙量

通常把在一定的水流及床沙组成条件下，单位时间内通过河流某过水断面的推移质数量称为推移质输沙率，以 G_b 表示，常用单位为 t/s 或 kg/s。由于过水断面内水流条件沿河宽变化很大，因此推移质输移强度沿河宽变化也很大，所以常通过计算单宽推移质输沙率确定推移质输沙率。单宽推移质输沙率是指单位时间内通过单位河宽的推移质数量，常以 g_b 表示，单位为 t/(s·m) 或 kg/(s·m)。推移质输沙率既表征水流实际挟运的推移质数量，又反映水流挟运推移质的能力，它在河床演变、水库淤积以及引水口的引水防沙研究中，都具有十分重要的意义。

目前确定推移质输沙率的方法有水文测验法和公式计算法两种方法。水文测验法，是用推移质采样器现场实测，以确定推移质输沙率，但由于采样器本身及采样方法还存在不足，因而观测成果的可靠性不高；公式计算法，常根据水力、泥沙因素建立单宽推移质输沙率公式，并通过试验资料确定系数和指数。同样，由于公式得不到天然实测资料验证而缺乏可靠性。因此，无论用采样器现场实测或公式计算，其结果误差都较大，应对资料进行慎重考虑。

单宽推移质输沙率确定后，沿河宽积分即可确定推移质输沙率，由推移质输沙率计算输沙量。推移质输沙量为某一时段内（年、月、日）通过河流某过水断面的推移质数量，以 W_b 表示，常用单位为 t，可用式（2-2）计算

$$W_b = G_b \Delta t \tag{2-2}$$

式中：G_b 为推移质输沙率，t/s；Δt 为时段，s。

（二）悬移质运动

在平原河流中，占主要部分的泥沙是随水流悬浮前进的悬移质。因此，研究悬移质运动特点及规律，对于分析冲积性平原河流的河床演变及河道整治意义重大，对于河流的开发应用也有十分重要的意义。

1.泥沙悬浮机理

悬移质的容重一般为 26 000~27 000 N/m³，比水的容重 9 800 N/m³ 大得多，因此在水中悬浮的悬移质若仅受重力作用，就会自上向下运动，使河床附近含沙量大，最终使泥沙淤积到河床，其结果是河流中原来的浑水将由于悬移质的下沉淤积而很快变为清水。但实际上悬移质能够进行持续性很大的悬浮运动，并实现远距离输移，这是因为天然河流水流为紊流，紊流上下流层水流不断掺混扩散，具有紊动扩散作用，使泥沙从含水量大的下层向上层扩散。也就是说，悬浮水中的泥沙，除受重力作用外，还同时受使其有上浮效果的紊动扩散作用。当水流的紊动扩散作用超过泥沙的重力作用时，泥沙向上悬浮，则河床可能发生冲刷，水流中的含沙量增大，悬移质能悬浮水中，完成从上游到下游远距离的输移。当泥沙重力作用超过水流紊动扩散作用时，则水流中的含沙量将逐渐减少，泥沙向

下沉移,整个过程表现为河床淤积。若两种作用处于暂时的相对平衡状态时,悬移质上浮、下沉大致相当,则铅垂方向水流中的含沙量将暂时保持不变,河床处于不冲不淤的相对平衡状态。

2.悬移质含沙量沿垂线分布特点

根据泥沙悬浮机理,可以得出悬移质含沙量沿垂线分布的一般特点,也就是由水面向河底含沙量及泥沙粒径递增,即上稀下浓、上细下粗。悬移质含沙量沿垂线分布的特点,在取水防沙工程的设计、悬移质输沙率的推求等方面具有重要的指导意义,关于悬移质含沙量沿垂线分布定量分析在此不进行具体介绍。

3.水流挟沙能力

水流挟沙能力是指在一定的河床边界及水流条件下,河床处于不冲不淤相对平衡时,单位体积水体所能挟带悬移质中床沙质的数量,常用 S_* 表示,常用单位为 kg/m³。也就是说,水流挟沙能力是水流能够挟带的悬移质中床沙质的临界含沙量(相对平衡时饱和含沙量),当水流悬移质中的床沙质含沙量大于水流挟沙能力时,水流处于超饱和状态,河床将发生淤积;反之,水流处于次饱和状态,河床将发生冲刷。通过泥沙淤积和冲刷变化,悬移质中的床沙质含量调整至临界数值(即对应的水流挟沙能力),达到冲淤新的相对平衡状态。

影响水流挟沙能力的因素很多,如水流强度、泥沙颗粒粗细及河床边界条件等,一般采用经验或半经验公式计算。下面简要介绍张瑞瑾一元水流挟沙能力公式。

$$S_* = k \left(\frac{v^3}{gR\omega} \right)^m \tag{2-3}$$

式中:S_* 为水流挟沙能力,kg/m³;v 为断面平均流速,m/s;R 为水力半径或断面平均水深,m;ω 为悬移质中床沙质泥沙的平均沉降速度,m/s;k 为系数,kg/m³;m 为指数。

在运用式(2-3)时,m 及 k 值的准确选定非常重要。若研究对象具有可用的实测资料,m 及 k 最好根据实测资料采用线性回归分析的方法确定。如长江荆江段 $k = 0.07$ kg/m³、$m = 1.14$,黄河干流的 $k = 0.22$ kg/m³、$m = 0.76$。

4.悬移质输沙率、输沙量

悬移质输沙率是指单位时间内通过某一过水断面的悬移质数量,以 G_s 表示,常用单位为 kg/s 或 t/s。通过单位河宽的悬移质输沙率,称为单宽悬移质输沙率,以 g_s 表示,常用单位为 kg/(s·m) 或 t/(s·m)。若水流近似按一元流断面平均来考虑,根据悬移质输沙率的定义可得到

$$G_s = SQ \tag{2-4}$$

$$g_s = Sq \tag{2-5}$$

式中:S 为断面平均或垂线平均含沙量,当河床处于冲淤相对平衡时则为水流挟沙能力,kg/m³ 或 t/m³;Q 为断面流量,m³/s;q 为单宽流量,m³/(s·m)。

悬移质输沙量可定义为,某一时段内(年、月、旬、日)通过河流某过水断面的悬移质数量,以 W_s 表示,常用单位为 t。根据定义,悬移质输沙量可用式(2-6)计算

$$W_s = G_s \Delta t \tag{2-6}$$

式中:G_s 为悬移质输沙率,t/s;Δt 为时段,s。

(三)高含沙水流和异重流

高含沙水流和异重流均属挟沙水流的特殊形式。

1.高含沙水流

所谓高含沙水流是指含沙量达到每立方米数百千克乃至 1 000 kg 以上的水流。这种水流含有大量泥沙,其水力特性、泥沙运动特点不同于一般挟沙水流。

1)主要特性

(1)流变特性:高含沙水流的流变特性属于非牛顿流体。

(2)流态:高含沙水流具有两种流态:一种是高强度紊流,比降大,流速高,雷诺数和弗劳德数都比较大,水流汹涌;另一种是层流,高含沙水流易形成层流运动,比降小,流速低,水流十分平稳,水面光如镜。

(3)含沙量沿垂线分布:高含沙水流含沙量在垂线分布比较均匀,随着含沙量的增大,其均匀程度更为突出。

(4)流速分布:是比较均匀的,这与高含沙水流的含沙量增大、流速梯度减小、紊流流速分布均匀有关。

(5)挟沙能力:挟沙能力特别大,这对紊流来说,其挟沙力规律是一致的,由于浑水比清水重率大,沉速比清水小得多;对层流来说,不是一般水流问题,而是水沙一体参加运动。

综上所述,高含沙水流挟沙能力较大。

2)特殊的流动特性

(1)揭底冲刷现象:这种现象多发生在高含沙紊流阶段,是河床冲刷的一种突变过程。其特点是,大片沉积物从河床掀起,有的露出水面,然后坍落破碎,被水流冲散带走。这样强烈冲刷,在短时间内可使河床刷深数米。

(2)浆河现象:高含沙水流在运动中,当水流条件减弱到一定程度后,会出现整个河段的浑水停住不动的现象。这种河床突变,多发生在高含沙量洪峰的陡急落水过程。

(3)不稳定性:高含沙水流具有不稳定的特点,在水流强度不大的层流阶段,容易发生浑水水力因素呈周期性变化的阵流现象和浑水流动呈现流流停停、停停流流的间歇流现象。

2.异重流

异重流是指两种或两种以上的、重率有一定的但是较小差异的流体,互相接触,并发生相对运动,在交界面上不会出现全局性的掺混现象的液体流。

1)异重流的一般特性

(1)重力作用大大减弱。由于异重流的重率比清水重率稍大,又受清水浮力作用,浑水的重力作用大大减弱,浑水有效重力仅仅是清水重率的 $1/100 \sim 1/1\ 000$。这是异重流的显著特点。

(2)由于重力作用减低的结果,惯性力作用显得十分突出。异重流浑水弗劳德数远远大于清水弗劳德数,因此异重流在流动过程中能够比较容易地超越障碍物和爬高。

(3)阻力作用相对突出。异重流与水力半径、底坡、阻力系数相同的一般水流相比,异重流的流速比一般水流的流速要小得多,反映了阻力作用的相对突出。

2）异重流在工程上的应用

利用异重流特性,在水库减淤、给水排水工程设计与运用等方面可获得很大效益。在多沙河流上修建蓄水水库和水电站时,设置底孔,合理运用在库底运动的浑水异重流可把泥沙排走,减少水库淤积,是水库减淤的主要措施;在给水工程中,根据异重流特性设计沉淀池,有利泥沙落淤,可获得较好的水质;修建火电厂可利用温差异重流特性,设置较深的取水孔引取冷水,而设置较高的排水孔排放热水。

但在某些情况下,异重流可带来很大危害。在河口形成的盐水楔往往阻碍上游来沙的下泄,并把海域泥沙带入河口,形成含沙量高的滞流区和拦门沙;在与河道交叉的引水渠或引航道处,浑浊河水可潜入引水渠或引航道,并向渠首内溯,而渠内清水自表层向大河回流,造成严重淤积等。

※黄河小知识

对黄河淤积影响最大的是粗泥沙,其主要来源于哪个区域?

经过长期研究,泥沙专家 20 世纪 80 年代得出的结论是,黄河下游的堆积抬高主要是 5 万 km² 的粗泥沙来源区造成的。直径大于 0.05 mm 的粗泥沙,主要集中在两个区域:一是皇甫川至秃尾河等各条支流的中下游地区,二是无定河中下游及广义的白于山河源区。1996~1999 年,黄河水利委员会和陕西师范大学等单位联合研究,界定了黄河中游多沙粗沙区的面积为 7.86 万 km²,分布于河口镇至龙门区间的 23 条支流和泾河下游马莲河、蒲河部分地区、北洛河上游、刘家河以上部分地区,从而初步明确了黄土高原水土流失治理的重点。

第三节　黄河水沙特点

一、黄河水流特点

(一) 黄河水系

黄河主要支流有白河、黑河、湟水、祖厉河、清水河、大黑河、窟野河、无定河、汾河、渭河、洛河、沁河、大汶河等。主要湖泊有扎陵湖、鄂陵湖、东平湖。黄河水系见图 2-10。

黄河属太平洋水系,干流多弯曲,素有"九曲黄河"之称,河道实际流程为河源至河口直线距离的 2.64 倍。黄河支流众多,从河源的玛曲曲果至入海口,沿途直接流入黄河、流域面积大于 100 km² 的支流共 220 条,组成黄河水系。支流中面积大于 1 000 km² 的有 76 条,流域面积达 58 万 km²,占全河集流面积的 77%;大于 1 万 km² 的支流有 11 条,流域面积达 37 万 km²,占全河集流面积的 50%。由此可知,较大支流是构成黄河流域面积的主体。

黄河左、右岸支流呈不对称分布,而且沿程汇入疏密不均,流域面积沿河长的增长速

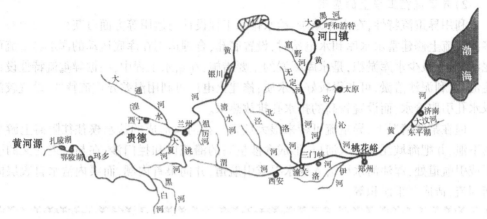

图 2-10　黄河水系示意图

率差别很大。主要支流如下。

1.白河和黑河

黑河(又称墨曲),因两岸沼泽泥炭发育,河水呈灰色而得名。白河(又称嘎曲),地势较高,泥炭出露不明显,河水较清。白河、黑河是黄河上游四川省境内的两条大支流,两河分水岭低矮,无明显流域界,存在同谷异水的景观,加之流域特性基本相同,堪称"姊妹河"。

白河、黑河流域属大陆性寒温带气候,地面高程在 3 400 m 以上,多年平均径流量,白河为 17.8 亿 m^3,黑河为 18.3 亿 m^3,径流模数分别为 32.4 万 $m^3/(a \cdot km^2)$ 和 24.1 万 $m^3/(a \cdot km^2)$,居黄河支流之冠。

2.洮河

洮河是黄河上游右岸的一条大支流,发源于青海省河南蒙古族自治县西倾山东麓,于甘肃省永靖县汇入黄河刘家峡水库区,全长 673 km,流域面积 25 527 km^2,年平均径流量 53 亿 m^3,年输沙量 0.29 亿 t,平均含沙量仅 5.5 kg/m^3,水多沙少。在黄河各支流中,洮河年水量仅次于渭河,居第二位。径流模数为 20.8 万 $m^3/(a \cdot km^2)$,仅次于白河、黑河,是黄河上游地区来水量最多的支流。

3.湟水

湟水是黄河上游左岸的一条大支流,发源于大坂山南麓青海省海晏县境,流经西宁市,于甘肃省永靖县付子村汇入黄河,全长 374 km,流域面积 32 863 km^2,其中约有 88% 的面积属青海省,12%的面积属甘肃省。

湟水流域属大陆性气候,气温的时空变化也较大,西宁有句民谣:"古城气候总无常,一日须携四季装,山下百花山上雪,日愁暴雨夜愁霜",形象地描绘了这一地区气候多变的特点。湟水干流民和站年平均径流量为 17.9 亿 m^3,径流模数为 11.5 万$m^3/(a \cdot km^2)$,年平均输沙量 2 050 万 t,输沙模数为 1 300 多 t/km^2,属轻度侵蚀。

4.大黑河

大黑河位于内蒙古河套地区东北隅,是黄河上游末端的一条大支流,发源于内蒙古自治区卓资县境的坝顶村，流经呼和浩特市近郊，于托克托县城附近注入黄河，干流长 236 km，流域面积 17 673 km²。流域内盆地面积 5 154 km²，占流域面积的 29%，土地平坦、肥沃，渠系纵横，是内蒙古自治区的重要粮食基地之一。干流美岱站及下游左岸支流年径流量为 1.96 亿 m³，右岸大青山各支流年径流量为 2.33 亿 m³，共 4.29 亿 m³，平均径流模数为 2.4 万 m³/(a·km²)。年输沙量以美岱站计为 600 万 t，平均输沙模数为 1 400 t/(a·km²)。

5. 窟野河

窟野河是黄河中游右岸的多沙粗沙支流，发源于内蒙古自治区东胜区的巴定沟，流向东南，于陕西省神木县沙峁头村注入黄河，干流长 242 km，流域面积 8 706 km²。据温家川水文站 1954~1980 年实测资料统计，年径流量 7.47 亿 m³，年输沙量 1.36 亿 t，平均含沙量高达 182 kg/m³，是黄河平均含沙量的 6.4 倍，流域输沙模数高达 1.56 万 t/(a·km²)，中下游的黄土丘陵沟壑区竟高达 2 万~3 万 t/km²，是黄河流域土壤侵蚀最严重的地区。

6. 无定河

无定河是黄河中游右岸的一条多沙支流，发源于陕西省北部白于山北麓定边县境，于陕西省清涧县河口村注入黄河，全长 491 km，流域面积 30 261 km²。据川口水文站 1957~1967 年实测资料统计，平均年径流量为 15.35 亿 m³，年输沙量 2.17 亿 t，平均含沙量 141 kg/m³，输沙总量仅次于渭河，居各支流第二位。

7. 汾河

汾河发源于山西省宁武县管涔山，纵贯山西省境中部，流经太原和临汾两大盆地，于万荣县汇入黄河，干流长 710 km，流域面积 39 471 km²，是黄河第二大支流，也是山西省的最大河流。

随着人类活动的影响，汾河流域的水沙已有较大的变化。自 1959 年以来，由于修建大量的水库工程和工农业用水迅速增长，流域内水资源供需矛盾突出，水资源紧缺是汾河流域的主要问题。

8. 渭河、泾河与北洛河

渭河位于黄河腹地大几字形基底部位，西起鸟鼠山，东至潼关，北起白于山，南抵秦岭，流域面积 13.48 万 km²，为黄河最大支流。按华县及狱头水文站测验资料合计，渭河年径流量 100.5 亿 m³，年输沙量 5.34 亿 t，分别占黄河年水量、年沙量的 19.7% 和 33.4%，是向黄河输送水、沙量最多的支流。

泾河发源于宁夏回族自治区泾源县六盘山东麓，于陕西省高陵县注入渭河，河长 455 km，流域面积 45 421 km²。据张家山水文站资料统计，年径流量 20 亿 m³，年输沙量 2.82 亿 t，是渭河的主要来沙区。

北洛河发源于陕西省定边县白于山南麓，于大荔县境汇入黄河，河长 680 km，自西北流向东南。据狱头水文站资料统计，北洛河年径流量为 9.24 亿 m³，年输沙量为 0.98 亿 t，流域的上游地区属黄土丘陵沟壑区，水土流失严重，是流域的主要产沙地区。

泾河、北洛河虽属黄河二级支流，但因流域面积大，水沙来量多，其汇入地点离渭河口近，多把它们作为独立水系研究，常与渭河干流并列，称为"泾、洛、渭"。

9.洛河

洛河发源于陕西省华山南麓蓝田县境,至河南省巩义境汇入黄河,河道长 447 km,流域面积 18 881 km²。据黑石关水文站资料统计,年平均径流量 34.3 亿 m³,年输沙量 0.18 亿 t,平均含沙量仅 5.3 kg/m³,径流模数为 18.2 万 m³/(a·km²),水多沙少,是黄河的多水支流之一。流域范围包括陕西、河南两省 21 个县市,总人口 569 万人,人口密度高达 301 人/km²。

10.沁河

沁河发源于山西省平遥县黑城村,自北而南,过沁潞高原,穿太行山,自济源五龙口进入冲积平原,于河南省武陟县南流入黄河。河长 485 km,流域面积 13 532 km²。沁河流域属大陆性气候,年平均气温 10~14.4 ℃,无霜期 173~220 d。径流的年际变化及年内分配很不均衡。

11.大汶河

大汶河发源于山东省旋崮山北麓沂源县境内,由东向西汇注东平湖,出陈山口后入黄河。干流河道长 239 km,流域面积 9 098 km²。习惯上,东平县马口以上称大汶河,干流长 209 km,流域面积 8 633 km²;以下称东平湖区,流域面积(不包括新湖区)465 km²。

大汶河干支流都是源短流急的山洪河流,洪水涨落迅猛,平时只有涓涓细流。大汶河多年平均径流量约 18.2 亿 m³,年平均输沙量约 182 万 t。水、沙都集中来自洪水时期,7~8 月 2 个月径流量占全年径流量的 64%,输沙量占 84%;1~6 月 6 个月的水、沙量只占全年的 5% 左右。

(二) 黄河洪水特点

1.上游地区暴雨洪水特性

1)黄河上游兰州以上河段

该河段平均海拔在 2 000 m 以上,空气中水汽含量少,一般多为连阴雨天气,不易形成暴雨。降雨主要发生在 7 月、8 月下旬至 9 月上旬,具有历时长、面积大、强度不大的特点。如 1981 年 8 月 13 日至 9 月 13 日,降雨中心久治站共降雨 313.2 mm,其中仅有一天降雨量为 43.2 mm,其余各天降雨量均小于 25 mm,达不到暴雨标准。

降雨特性及地形地貌决定了洪水的特性。由于该河段降雨历时长、强度小,而且该河段植被较好,草地、沼泽等对降雨具有较强的滞蓄作用,因此形成的该段洪水具有洪水历时较长、洪峰较低、涨落平缓、洪水过程线呈矮胖型的特点。如兰州站一次洪水历时最短有 22 d,最长可达 66 d,平均为 40 d。龙羊峡至兰州河段洪峰流量一般是沿程递增的,特别是洮河、湟水等较大支流汇入后,流量增加较为明显。据调查考证,该河段最大历史洪水发生在 1904 年,兰州站洪峰流量达 8 600 m³/s。兰州站实测洪峰流量一般为 4 000~6 000 m³/s。实测最大洪水发生在 1946 年,兰州站洪峰流量达 5 900 m³/s,15 d 洪水总量 65 亿 m³。1981 年大洪水,由于上游龙羊峡水库和刘家峡水库拦蓄削峰作用,兰州站洪峰流量由自然情况下的 7 090 m³/s 削减为 5 600 m³/s。

2)黄河上游兰州至河口镇河段

兰州以下至内蒙古自治区河口镇河段,是黄河流经流域内最干旱的地区,多年平均降水量仅 150~300 mm,汛期降水也很少,再加上宁蒙河套平原河道宽浅,河槽有较强的调蓄作用,且灌溉耗水和河道损失较大,所以此河段虽然流域面积增加了 16 万多 km²,但与兰州以上洪水遭遇的机会不多,洪峰流量、洪水总量与兰州以上河段相比往往有较大削减,一般可削减 20%~25%。

黄河上游多为峡谷河段,不论洪水大小,一般传播时间变化不大,贵德至兰州约需 1.5 d,兰州至河口镇约需 10.5 d。黄河上游洪水主要来自兰州以上河段,洪水到达中下游,一般成为基流,对下游防洪影响不大。

2.中游地区暴雨洪水特性

黄河中游河道长 1 206.4 km,占全河总长的 22.1%,但此河段支流汇入很多,流域面积每千米增长率是全河平均值的 2.07 倍,使该河段流域总面积占总流域面积的 45.7%。黄河中游流经黄土高原,是黄河流域的主要暴雨区和黄河下游洪水的主要来源区。

1)降雨特点

黄河中游暴雨一般发生在 6~10 月,大暴雨多发生在 7 月、8 月,其中泾、渭河流域和三门峡至花园口区间多发生在 7 月,河口镇至龙门区间多发生在 8 月。中游暴雨特性与上游地区不同,具有暴雨强度大、历时短、雨区面积一般较上游小的特点。

河口镇至三门峡区间,一次暴雨历时一般不超过 24 h,50 mm 以上的日暴雨面积达 1 万~2 万 km²,最大可达 6 万~7 万 km²。三门峡至花园口区间,暴雨频繁,强度较大,降雨历时一般为 2~3 d,最长可达 5~10 d,暴雨面积一般为 2 万~3 万 km²,最大可达 4 万 km²。

2)洪水特点

黄土高原土质疏松,地形破碎,植被覆盖率低,此河段沟壑纵横、支流众多、河道比降陡,加之大强度暴雨的冲击,决定了黄河中游洪水具有洪峰高、历时短、含水量大、洪水发生时间集中、洪水过程线涨落迅猛的尖瘦型特点。

黄河中游一次洪水历时,一般为 2~5 d,最长为 3~10 d,中游干流各站较大洪水洪峰流量为 15 000~20 000 m³/s。实测最大洪水,吴堡站为 24 000 m³/s(1976 年)、龙门站为 21 000 m³/s(1967 年)、三门峡站为 22 000 m³/s(1933 年)。洪水发生时间基本上都集中在 7 月中旬至 8 月中旬,特别是 8 月上旬出现洪水的机会较多。

黄河中游强暴雨作用在土壤支离破碎、植被较少的黄土高原上,产生强烈的土壤侵蚀,致使中游地区的洪水挟带大量泥沙。在以前黄河多年平均输沙量 16 亿 t 年代中,有 89% 的泥沙来自中游地区,其中 90% 的泥沙来自汛期的几次高含沙量洪水,导致黄河中下游含沙量增大,河床发生淤积。如 1933 年 8 月陕县站 12 d 洪水的输沙量约占全年沙量的 50%,龙门站实测洪水最大含沙量为 933 kg/m³,三门峡站实测洪水最大含沙量为 911 kg/m³。

黄河中游的龙门至潼关河段长 128 km,河道宽阔,河宽为 3~19 km,滞洪削峰作用显著,对来自龙门以上的洪峰,一般可削减 20%~30%。

3.下游洪水来源及其组成

1)下游洪水来源

黄河上游洪水与下游大洪水不遭遇。兰州以上来水一般仅 2 000~3 000 m³/s,组成

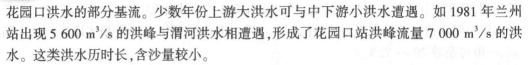

花园口洪水的部分基流。少数年份上游大洪水可与中下游小洪水遭遇。如1981年兰州站出现5 600 m³/s的洪峰与渭河洪水相遭遇，形成了花园口站洪峰流量7 000 m³/s的洪水。这类洪水历时长，含沙量较小。

花园口以下为地上河，仅有金堤河和大汶河汇入，洪水来量不大，一般与黄河干流洪水不相遭遇。

从实测资料看，花园口站大于8 000 m³/s的洪峰流量，都是以中游地区来水为主造成的。黄河下游洪水主要来自中游的三个地区，即河口镇至龙门区间（简称河龙间），龙门至三门峡区间（简称龙三间），三门峡至花园口区间（简称三花间）。

2）下游洪水组成及特点

黄河下游洪水主要来自于黄河中游，来自中游不同来源区的洪水，组合形式不同，形成花园口站的大洪水和特大洪水特点不同。黄河下游洪水由以下三种情况组成。

（1）"上大型"洪水。以三门峡以上河龙间和龙三间来水为主，三花间来水量较小，此类洪水主要来自于黄河中游的上段，称为"上大型"洪水。如1843年和1933年黄河下游的洪水，就属于此类型。这类洪水具有洪峰高、洪量大、含沙量也大的特点，对河床产生强烈冲淤，水位出现骤跌猛涨现象，对下游防洪工程威胁十分严重。

（2）"下大型"洪水。以三门峡以下的三花间来水为主，三门峡以上来水较小，此类洪水主要来自于黄河中游的下段，称为"下大型"洪水，如1761年、1958年和1982年洪水，就属于此类型。这类洪水具有洪水涨势猛、洪峰高、含沙量小、预见期短的特点，对黄河下游防洪威胁很大。

（3）"上下较大型"洪水。由龙三间和三花间洪水共同形成，此类洪水洪峰中游上下段约各占一半，称为"上下较大型"洪水，如1957年和1964年8月洪水，就属于此类型。这类洪水具有洪峰较低、历时较长、含沙量较小的特点。

黄河下游洪水特性，与洪水来源的地区有关，也与洪水发生的季节有关。黄河下游7月、8月伏汛形成的洪水与9月、10月秋汛形成的洪水特点有所不同。伏汛洪水的洪峰为洪峰高、历时短、含沙量大的尖瘦型，秋汛洪水的洪峰为洪峰低、历时长、含沙量大的矮胖型。

二、黄河泥沙特点

（一）黄河泥沙来源

黄河是世界上含沙量最高的河流，黄河泥沙主要来源于黄土高原。黄土高原地区指黄河流域龙羊峡至桃花峪区间流域范围，涉及青海、甘肃、宁夏、内蒙古、陕西、山西、河南等7省（区），面积为64.06万km²，占黄河流域面积的81%。

黄河中游流经黄土高原，每遇暴雨，造成严重的水土流失，大量泥沙通过千沟万壑汇入黄河。表2-3、表2-4为2020年黄河流域水土流失面积与强度，从中可看出，黄河流域水土流失面积为26.27万km²，其中，水力侵蚀面积19.14万km²，风力侵蚀面积7.13万km²，整体来看水土流失以水力侵蚀为主。

表2-3 黄河流域分省(区)水力侵蚀面积及强度   单位:万 km²

省(区)	水力侵蚀面积	轻度	中度	强烈	极强烈	剧烈
青海	2.01	1.20	0.56	0.17	0.07	0.01
四川	0.03	0.03	0	0	0	0
甘肃	4.67	2.62	1.20	0.49	0.29	0.07
宁夏	1.06	0.60	0.30	0.10	0.05	0.01
内蒙古	2.01	1.41	0.36	0.13	0.09	0.02
陕西	4.63	2.48	1.30	0.50	0.29	0.06
山西	3.75	1.93	1.13	0.45	0.21	0.03
河南	0.73	0.54	0.15	0.03	0.01	0
山东	0.25	0.21	0.03	0.01	0	0
合计	19.14	11.02	5.03	1.88	1.01	0.20

表2-4 黄河流域分省(区)风力侵蚀面积及强度   单位:万 km²

省(区)	风力侵蚀面积	轻度	中度	强烈	极强烈	剧烈
青海	1.39	1.11	0.14	0.05	0.05	0.04
四川	0.30	0.30	0	0	0	0
甘肃	0.04	0.04	0	0	0	0
宁夏	0.50	0.44	0.04	0.02	0	0
内蒙古	4.70	3.72	0.72	0.16	0.04	0.06
陕西	0.19	0.15	0.04	0	0	0
山西	0	0	0	0	0	0
河南	0.01	0.01	0	0	0	0
山东	0	0	0	0	0	0
合计	7.13	5.77	0.94	0.23	0.09	0.10

图 2-11 为 2020 年黄河流域分省(区)水土流失面积分布情况,通过分析可以看出,水土流失面积主要集中于内蒙古自治区、陕西省和甘肃省,分别占流域水土流失总面积的 25.54%、18.35%、17.93%。水力侵蚀主要集中于甘肃省、陕西省和山西省,分别占流域水力侵蚀总面积的 24.40%、24.19%、19.59%。风力侵蚀主要集中于内蒙古、青海省和宁夏回族自治区,分别占流域风力侵蚀总面积的 65.92%、19.50%、7.01%。黄河流域水土流失比较严重的内蒙古自治区和陕西省,分别以风力侵蚀和水力侵蚀为主。

国家从 1999 年在黄土高原地区实施退耕还林(草)工程及其他水土保持生态工程以来,通过植被恢复与重建,黄土高原植被覆盖度已从 1999 年的 31.6% 增加至 2020 年的

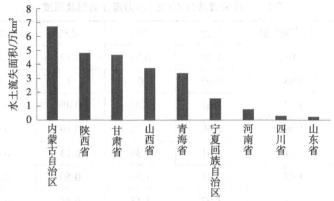

图 2-11　黄河流域分省(区)水土流失面积

67.6%,水土流失得到有效控制,泥沙含量也在持续减少中。

(二)黄河来沙特点

1.水沙异源

黄河泥沙来源集中在黄土高原,具有"水沙异源"的显著特点。河口镇以上黄河上游地区流域面积38.6万 km²,占全流域面积的51.3%,来沙量仅占全河总沙量的8.7%,而来水量却占全河总水量的54%,来水量大,来沙量小,含沙量很小,是黄河水量的主要来源区;黄河中游河口镇至龙门区间流域面积为11.2万 km²,占全流域面积的14.9%,来水量仅占14%,而来沙量却占55%,是黄河泥沙的主要来源区,来水量少,但含沙量及输沙量很大;龙门至潼关区间流域面积18.2万 km²,占24.2%,来水量占22%,来沙量占34%;三门峡以下的洛河、沁河支流来水量占10%,来沙量仅占2%。

2.年内分布不均衡

黄河泥沙主要集中在汛期的几场暴雨,在一年之内,80%以上的泥沙来自汛期。在汛期7~10月,黄河上游的兰州及河口镇输沙量分别占全年的85.8%及81.0%,黄河中游的龙门站、三门峡站分别达到89.7%和90.7%。干流汛期含沙量一般比非汛期高3~4倍以上,如龙门站汛期平均含沙量为52.2 kg/m³,而非汛期只有11.5 kg/m³,汛期为非汛期的4.5倍。2018年龙门站汛期最大含沙量为162 kg/m³,年平均含沙量仅为9.54 kg/m³,汛期最大含沙量为年平均含沙量的16.98倍。汛期泥沙又常常集中于几场暴雨洪水中,如三门峡站洪水期最大5 d的沙量,平均占年沙量的19%,个别年份可占31.1%;中游的支流则更为集中,如窟野河温家川站汛期最大5 d的沙量,占全年的72.2%,无定河川口站汛期最大5 d的沙量,占全年沙量的42.2%。

3.年际泥沙变化大

黄河泥沙年际变化大,不同年份分配也很不均匀。如多沙的1933年,陕县来沙量达39.1亿 t,为多年平均值的2.4倍;少沙的1928年,为4.88亿 t,仅为多年平均值的30%;多沙年和少沙年相比,前者为后者的8倍。一些支流年输沙量悬殊更大,如窟野河温家川站,1956年输沙量为3.03亿 t,1965年输沙量为0.053亿 t,丰沙年为枯沙年的57倍。

近年来虽然黄河水沙条件发生了变化,但年际泥沙变化较大。如三门峡2015年平均输沙量为0.512亿 t,2018年平均输沙量为4.89亿 t,2018年为2015年的9.55倍。

(三) 黄河泥沙输移

1.上游宁夏下河沿至内蒙古河口镇

黄河上游宁夏下河沿至内蒙古河口镇,在天然情况下河床处于缓慢抬升状态,为冲积性河道,随着上游大型水库的修建,来水来沙条件发生改变,加重了河道主槽淤积。

2.中游河口镇至龙门

中游河口镇至龙门河段为黄河泥沙的集中产区,由于长期强烈侵蚀,形成黄土丘陵沟壑区,此段沟壑干沟沟底比降 1%~2%,一些支沟、毛沟比降更陡,可达 20% 以上。被冲蚀的泥沙,随水流经过毛沟、支沟、干沟流入黄河支流、干流,沟坡陡、流速大,为泥沙的输送创造了条件。

从丘陵沟壑区冲刷下来的泥沙,基本上都可以通过各级支流输送到黄河干流。河口镇至龙门黄河干流流经晋陕峡谷,河道冲淤变化不大,多年平均基本趋于冲淤平衡。因此,黄土丘陵沟壑区及河口镇至龙门之间的黄河干流,成为输送泥沙的"渠道",在该地区坡面和沟谷侵蚀的泥沙,都可以经过这些"输沙渠道"输送到龙门以下黄河干流。这意味着,在这个黄河泥沙主要来源区内增加或减少 1 t 泥沙,将基本上使进入黄河下游的泥沙增加或减少 1 t,黄河泥沙输移特点表现明显。

3.中游龙门至潼关河段

龙门至潼关河段俗称小北干流,两岸为黄土台塬,高出河床 50~200 m,河道宽窄相间,由禹门口约 100 m 宽的峡谷河槽骤然展宽为 4 km 的宽河道,最宽处达 19 km,至潼关河宽又收缩为 850 m。该河段为渭河、北洛河、汾河等多沙支流的汇流区,河道宽浅散乱,为典型的游荡性淤积性河道,有一定的滞洪落淤作用。河床随来水来沙条件的变化进行调整,一般表现为汛期淤积,非汛期冲刷,多年发展趋势为淤积。三门峡水库修建前,多年平均淤积量为 0.5 亿~0.8 亿 t,三门峡水库修建后,由于三门峡水库淤积,本河段多年平均淤积量近 1 亿 t。

该河段汛期还会发生"揭河底"冲刷,"揭河底"冲刷是高含沙水流泥沙运动的特殊规律,其特点是大片的淤积物从河床上掀起,有的露出水面数米之高,然后坍落、破碎被水流冲走、带走。这样强烈的冲刷在一场洪水的几十分钟至十余小时,使河床剧烈刷深数米乃至近十米。当龙门站出现高含沙量、洪峰流量大且持续时间较长的水流时,就可能出现"揭河底"冲刷。据实测资料,冲刷深度一般为 2~4 m,最大达 9 m;冲刷距离最长可达132 km。"揭河底"冲刷给河道工程增加了防守的困难。

4.中游潼关至孟津河段

黄河的潼关至孟津晋豫峡谷,该段河道也是泥沙不淤积的"输沙渠道",潼关以上的来沙量,基本上都可以输送至孟津以下黄河河道。

5.黄河孟津以下河段

黄河从孟津出峡谷进入华北大平原,河道宽阔,比降平缓,水流散乱,形成了孟津至入海处 876 km 长的强烈堆积性河段。此河段在不同来水来沙条件下,河床冲淤变化大。当来水含沙量小于 10 kg/m³ 时,其输沙能力与流量的高次方成正比;当来水含沙量较大时,其输沙能力与流量及含沙量的大小有密切关系。在上游来水含沙量一定的条件下,输沙率随流量的增加而加大;在一定的流量条件下,输沙率随上游来水含沙量的增加而加大,形成了黄河下游河道所具有的"多来、多排、多淤""少来、少排、少淤(或少冲)""大水多排、小水少排"等输沙特性。

黄河下游河道年内、年际冲淤变化很大。当中游来沙多时,年最大淤积量可达20余亿t;中游来沙少时,河道还会发生冲刷。据多年资料统计分析,在进入黄河下游的泥沙中,约有1/4淤积在利津以上河道内,1/2淤积在利津以下的河口三角洲及滨海地区,其余1/4被输往深海。由于河床多年淤积抬高,黄河下游已成为"地上悬河",防洪负担日益加重。淤积在河口三角洲及滨海地区的大量泥沙,使河口不断淤积延伸,侵蚀基准面相对抬高,从而产生溯源淤积,造成黄河下游河道进一步淤积。由此可见,中游大量来沙量及河口淤积延伸是造成黄河下游河道淤积的重要原因。

下游河道泥沙淤积,在多沙年汛期的几场洪水中表现特别明显。如1953年、1954年、1958年、1959年这4年,进入下游的沙量达104亿t,河道共淤积26.4亿t,占20世纪50年代总淤积量的73%。泥沙淤积集中发生在汛期,汛期淤积量一般占全年淤积量的80%以上。高含沙量洪水也使泥沙大量淤积,如1950~1983年高含沙量洪水总计历时仅104 d,来水量和来沙量分别占1950~1983年总水量和总沙量的2%和14%,但下游河道的淤积量却占总淤积量的54%,平均每天淤积强度达1 880万~6 100万t。

(四)黄河干支流泥沙量变化对比

黄河为闻名于世的多沙河流。按1919~1960年资料统计,陕县(三门峡)多年平均输沙量16亿t,平均含沙量37.8 kg/m³,与世界上其他多沙河流相比,黄河具有输沙量大、含沙量也大的独特特点。如,同黄河年输沙量相近的孟加拉国的恒河,年输沙量达14.5亿t,但恒河来水量大,河中含沙量仅3.9 kg/m³,远小于黄河的含沙量。美国科罗拉多河含沙量达27.5 kg/m³,略低于黄河,但年输沙量仅有1.36亿t。可见黄河年输沙量之多,含沙量之高,在世界多沙河流中是绝无仅有的。

近年来,黄河干支流泥沙含量及输沙量大大减少。按1987~2020年资料统计,三门峡多年平均输沙量为4.87亿t,平均含沙量19.5 kg/m³;2021年三门峡平均输沙量为2.64亿t,平均含沙量6.55 kg/m³。三门峡多年平均输沙量16亿t早已成为历史。

在20世纪六七十年代,黄河主要支流中,多年平均来沙量超过1.0亿t的有4条,其中来沙量最多的是泾河,年平均来沙量高达2.62亿t,占全河来沙量的16.1%;无定河年平均来沙量2.12亿t,占13.0%;渭河(咸阳站)年平均来沙量1.86亿t,占11.4%;窟野河年平均来沙量1.36亿t,占8.4%。但近年来泥沙资料显示,1987~2020年,泾河、无定河、渭河、窟野河年输沙量分别为1.42亿t、0.472亿t、1.69亿t和0.291亿t,2021年4条多沙支流输沙量分别为0.67亿t、0.622亿t、0.002亿t和0,多年平均来沙量大大减少,2021年,各支流的输沙量都小于1亿t。

(五)近年来黄河干流重要水文站水沙特征

新中国成立以来,黄河治理取得了显著成就,黄河上游修建的水库、水土保持工程及小浪底水利枢纽调水调沙发挥了很大的减淤调水作用,黄河下游近些年年径流量、输沙量及含沙量发生巨大变化,下面以2021年黄河干支流的水沙特点为例进行分析。

1.来水特征

2021年黄河流域来水量偏多,平均降水量为555.0 mm,黄河利津站实测径流量

441.10 亿 m³,黄河全年入海水量 434.10 亿 m³。汛期,黄河流域降雨过程多、雨量大、落区重叠度高,干支流多次出现洪水过程,特别是中下游发生严重秋汛洪水,洪水场次多、历时长、洪峰高、水量大。2021 年黄河潼关站实测径流量 395.1 亿 m³,与多年(1950~2020 年,下同)均值相比偏大 18%,与 1987~2020 年均值相比偏大 53%。

1) 干流

选取黄河干流 12 个主要水文站、12 条主要支流控制水文站,分析实测径流量变化。从黄河干流主要水文站实测年径流量及其与上年和不同系列均值比较(见图 2-12)可以看出,2021 年黄河干流重要控制水文站实测径流量与多年均值比较,龙门站偏小 8%,头道拐站基本持平,其余站偏大 8%~53%,其中高村站、艾山站和利津站分别偏大 46%、47%和 53%;黄河干流重要控制水文站实测径流量与 1987~2020 年均值比较偏大 14%~164%,其中艾山站和利津站分别偏大 116%和 164%;与 2020 年相比,高村站、艾山站和利津站分别增大 7%、14%和 23%,花园口站基本持平,其余站减小 11%~40%。

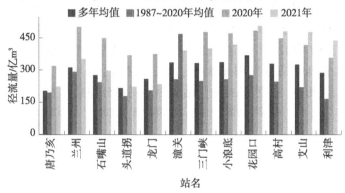

图 2-12 黄河干流来水特征

2) 支流

分析黄河主要支流控制水文站实测年径流量及其与 2020 年和不同系列均值比较(见图 2-13),可以看出,2021 年黄河重要支流控制水文站实测径流量与多年均值比较,洮河红旗站、皇甫川皇甫站、窟野河温家川站和无定河白家川站分别偏小 26%、99%、67%和 34%,其余站偏大 16%~329%,其中伊洛河黑石关站和沁河武陟站分别偏大 132%和 329%;与 1987~2020 年均值比较,洮河红旗站、皇甫川皇甫站、窟野河温家川站和无定河白家川站分别偏小 14%、97%、48%和 18%,其余站偏大 30%~672%,其中汾河河津站、伊洛河黑石关站和沁河武陟站分别偏大 206%、240%和 672%;与 2020 年比较,洮河红旗站、皇甫川皇甫站、窟野河温家川站和无定河白家川站分别减小 51%、77%、20%和 13%,其余站增大 26%~2 432%,其中伊洛河黑石关站和沁河武陟站分别增大 319%和 2 432%(武陟站 2020 年、2021 年径流量分别为 1.299 亿 m³和 32.89 亿 m³)。

2.来沙特征

2021 年黄河实测年输沙量 1.71 亿 t,与多年均值相比偏小 81%,与 1987~2020 年均值相比偏小 63%。

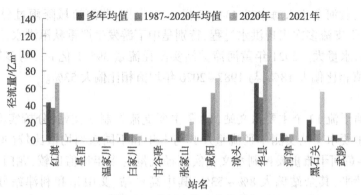

图 2-13 黄河支流来水特征

1）干流

图 2-14 为黄河干流重要控制水文站实测年输沙量对比,由图可知,黄河干流重要控制水文站实测输沙量与多年均值比较偏小 20%~91%,其中兰州站和小浪底站分别偏小 90% 和 91%;与 1987~2020 年均值比较,利津站基本持平,其余站偏小 9%~82%,其中兰州站、龙门站和小浪底站分别偏小 82%、74% 和 78%;与 2020 年相比全部减小,减小 23%~76%,其中兰州站、头道拐站、龙门站和小浪底站分别减小 62%、67%、62% 和 76%。

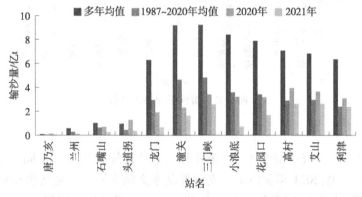

图 2-14 黄河干流来沙特征

2）支流

图 2-15 为黄河重要支流控制水文站实测年输沙量对比,由图可知,2021 年黄河重要支流控制水文站实测输沙量与多年均值比较,沁河武陟站基本持平,其余站偏小 64%~100%,其中皇甫川皇甫站、窟野河温家川站和无定河白家川站偏小近 100%;与 1987~2020 年均值相比,伊洛河黑石关站和沁河武陟站分别偏大 260% 和 500%,其余站偏小 43%~100%,其中窟野河温家川站和无定河白家川站偏小近 100%,与 2020 年相比,渭河华县站基本持平,泾河张家山站、北洛河洑头站、汾河河津站、伊洛河黑石关站和沁河武陟站增大,其余站减小 39%~94%。

2021 年黄河干支流水沙特征,整体表现为水多沙少,下游河段河势变化较大,河床冲刷幅度较大,增大了汛期下游河道工程抢护工作。

近年来,黄河实测输沙量呈现大幅度减小趋势。不同研究者对水利水保措施和降雨

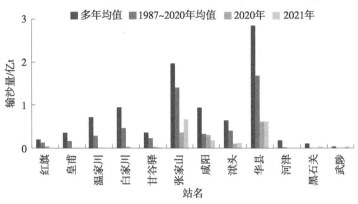

图 2-15 黄河支流来沙特征

变化两者减沙量定量研究成果有一定的差异,因此对现状无水利水保措施背景下的天然输沙量预估也有一定的差异。由于对后续水利水保措施的拦沙潜力,以及黄土高原气候、下垫面和产沙输沙变化趋势认识的差异,对未来黄河来沙量预判也存在差异。黄河泥沙问题十分复杂,输沙量变化具有随机性、周期性和趋势性等多重特征。相对一致的认识是,黄河在较长时期多年平均来沙量可能为 5 亿~8 亿 t,始终是水沙关系不协调的多沙河流。

※黄河小知识

"泾渭分明"源出何处?

"泾渭分明"这一成语源出泾渭两河交汇处。渭河是黄河最大的支流,泾河又是渭河的支流。唐代诗人杜甫《秋雨叹》中有"浊泾清渭何当分"之句。据统计,目前泾河平均每年向渭河输送泥沙 3.04 亿 t,平均含沙量为 196 kg/m³。在未纳入泾河之前,渭河平均每年输送泥沙 1.78 亿 t,平均含沙量为 26.8 kg/m³。从数字上看,还是泾浊渭清,尤其在枯水季节。但通常,当河水含沙量达到 10 kg/m³ 时,水色便呈赤黄色了。从表面上看,"泾渭分明"的自然景观已经很不明显了。

第三章
黄河防洪规划

第一节　不同时期黄河防洪方略

黄河防洪,历史悠久。远古时,人们只能进行采集和渔猎活动,洪水来了就"择丘陵而处之",即用"避"的办法减少洪水对人们的危害。随着生产力的发展,抗御洪水的能力增强,在与洪水斗争的过程中,积累了丰富的经验,形成了多种治河方略。如大禹主张的"疏川导滞",两汉时期贾让的"治河三策"、王景的"修渠筑堤立水门",北宋任伯雨提出的"宽立堤防,约拦水势",明清时期以潘季驯为主提出的"束水攻沙"等都比较有代表性。

黄河宁,天下平。新中国成立以后,我国很重视黄河治理,为保黄河岁岁安澜,不同时期根据黄河特点及国家建设要求制定了对应黄河防洪方略,本节主要介绍1946年人民治黄至今70多年不同时期制定的黄河防洪方略。

一、人民治黄以来至21世纪黄河防洪方略

(一)宽河固堤

1949年新中国成立初期,百废待兴,在当时的技术经济条件下尚无力兴建大型的控制性工程,保证黄河不决口是当时黄河防洪的首要任务。根据当时黄河下游堤防上宽下窄的特点和可随时发动群众抗洪提高堤防御水能力的情况,提出了"宽河固堤"的方略,以此指导黄河下游的防洪工程建设。

黄河下游的河道在两岸修建堤防之间的区域范围行洪。郑州桃花峪至兰考东坝头为明清两代行洪的河道,两岸堤防已有五六百年的历史。东坝头以下的河道是1855年铜瓦厢决口改道后逐步形成的。陶城铺以上河道宽阔,尤其是高村以上,堤距一般宽10 km左右,最宽处达20 km。

1.宽河

宽河道具有很强的削峰作用。黄河下游洪水具有陡涨陡落、峰高量小的特点,表3-1数据为20世纪50年代两次大洪水河道的削峰作用情况,从表3-1可以看出,花园口至艾山河段削峰作用超过了40%,宽河道具有很大的削峰作用,这在很大程度上减轻了艾山以下窄河段的防洪压力。

表3-1　黄河下游20世纪50年代宽河段河道削峰作用

站名	1954年		1958年	
	洪峰流量/ (m³/s)	削峰/ %	洪峰流量/ (m³/s)	削峰/ %
花园口	15 000		22 300	
夹河滩	13 300	11	20 500	8
高村	12 600	16	17 900	20
孙口	8 640	42	15 900	29
艾山	7 900	47	12 600	43

注:1. 各站削峰量为该站洪峰相当于花园口站洪峰的削峰百分数;

　　2. 东平湖位于孙口与艾山之间,1958年东平湖自然分洪。

宽河道有利于减缓河槽的淤积速度。在一般水流条件下,水流在河槽流动,滩地不上水,且植被发育,滩区糙率远大于河槽。汛期含沙量大的洪水漫滩后,过水断面面积增大,水流分散,流速变小,水流挟沙能力降低,泥沙在滩地落淤,落淤后含沙量小的"清水"回归河槽,使河槽中水流含沙量减小,河槽减淤或可能发生冲刷。汛期通过滩淤槽冲泥沙充分交换,滩地淤高,河槽少淤或冲刷,滩槽差增大,河槽的排洪能力增强。表3-2中数据为20世纪50年代两次大洪水时含沙量的沿程削减情况,由表3-2看出,在花园口至孙口的宽河段,河槽含沙量降低了50%~70%,滩地发生了大量淤积。在水沙偏丰的20世纪50年代,黄河下游平均年淤积量3.6亿t,其中滩地的淤积量占75%。

表3-2　黄河下游20世纪50年代漫滩洪水含沙量沿程降低情况

水文站站名	1957年				1958年			
	时间(月-日-时)	流量/(m³/s)	含沙量/(kg/m³)	削减含沙量/%	时间(月-日-时)	流量/(m³/s)	含沙量/(kg/m³)	削减含沙量/%
花园口	07-19-20	12 900	61.8		07-17-24	22 300	96.6	
夹河滩	07-20-09	12 400	82.2	-33	07-18-18	20 200	131.0	-36
高村	07-21-10	10 400	31.0	50	07-19-09	17 800	53.8	44
孙口	07-22-08	11 500	17.3	72	07-20-16	15 800	44.2	54

注:1.表中含沙量为洪峰流量或洪峰后流量对应的实测值;

　　2.各站削减含沙量为该站含沙量相当于花园口站含沙量的削减百分数。

由上面的分析可以看出,宽河对滞洪滞沙的作用明显,20世纪50年代初为贯彻"宽河固堤"的方针,彻底废除了滩地上修建的生产堤,以利发挥滩地的滞洪滞沙作用。

2.固堤

堤防是防御洪水的最后一道屏障,但是在新中国成立前后黄河下游的堤防矮小、千疮百孔。1938年花园口扒口后,大河向东南,经淮河流域入黄海,花园口以下的河道断流长达9年之久,再加上战争破坏,原来堤防被破坏得残缺不全,堤基、堤身内到处是暗沟、地窖、缺口、碉堡、房基及动物洞穴、松土层等,堤防的防洪能力极差。在1949年9月花园口站发生12 300 m³/s流量洪水时,下游出现漏洞、脱坡、蛰陷等险情400余处,东坝头以下两岸大堤出水仅1 m左右,部分堤段仅0.2~0.3 m。为战胜洪水,1950~1957年发动群众进行了第一次大修堤,共完成土方14 090万m³。按照固堤的方针,除加高培厚堤防外,还采取了抽水洇堤、抽槽换土、黏土斜墙、前戗后戗、锥探灌浆、捕捉害堤动物等措施,处理隐患、加固堤防,堤防得到了明显加固。

由于采取了"宽河固堤"的方略,保持了宽河,加修了堤防,在20世纪50年代上游没有修建水库,黄河防洪能力低的情况下,战胜了1954年、1957年、1958年黄河洪水。尤其是1958年洪水,花园口站流量达22 300 m³/s,发生了有实测记录以来的最大洪水,经宽河道削峰后,孙口站流量仅为15 900 m³/s,再经东平湖自然分洪后,进入艾山以下窄河道的流量削减为12 600 m³/s,大大减轻了窄河道的防洪负担,在未使用北金堤滞洪区的情况下,确保了堤防安全。直到90年代仍保持"宽河固堤"的格局,充分体现了"宽河固堤"

治黄方略的正确性。

（二）蓄水拦沙

从"排"的角度制定的"宽河固堤"治黄方略，对于淤积严重的黄河下游，随着河床升高，防洪标准自行降低，仅靠下游排洪排沙和滞洪滞沙是不够的。20世纪50年代中期，随着社会主义建设的发展，对水资源的需求增加，为了控制和调节洪水、泥沙，并进一步利用水资源，提出了"除害兴利、蓄水拦沙"的治黄方略。即在上中游采取控制性措施，从支流到干流、高原到沟道，节节蓄水，分段拦泥。

据此治黄方略，20世纪50年代后半期，在黄河中游修建了三门峡水利枢纽，在下游修建了花园口、位山、泺口、王旺庄4座水利枢纽（见图3-1），想通过修建这些工程和在中上游大力开展水土保持，基本解决黄河下游的洪水问题。但是三门峡水库建成不久，由于泥沙的严重淤积，1962年3月水库的运用方式由"蓄水拦沙"被迫改为"滞洪排沙"。花园口和位山水库建成后，因库区淤积和设计洪水无法宣泄，在1963年先后破除了建成的大坝，泺口、王旺庄还在施工过程中就停工不再修建。

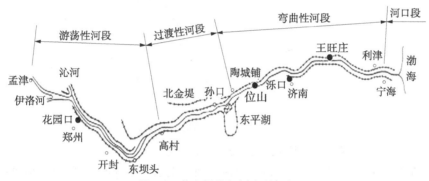

图3-1 蓄水拦沙规划水利枢纽

"蓄水拦沙"的治黄方略，虽然突破了长期以来治黄仅限于下游和单纯靠"排"的局面，提出了"蓄水拦沙"，但是它单纯强调"拦"，而忽视了"排"，不能完全符合黄河的实际情况，解决不了黄河下游的防洪问题。此方略为以后黄河的治理积累了经验。

（三）上拦下排、两岸分滞

黄河是一条多沙难治的河流，黄河的症结是水少沙多，水沙不平衡。实践表明，由于黄河水沙的复杂性，仅靠"拦"或"排"单种措施是很难解决黄河问题的，因此防洪方略必须包括多方面的措施。黄河水利委员会原主任王化云在1963年3月召开的治黄工作会议的报告中提出：在上中游拦泥蓄水，在下游防洪排沙，上拦下排应是今后治黄工作的总方向。"上拦下排"方略形成了，并在后来坚持不懈的实践中逐步完善，于20世纪60年代末提出并形成了"上拦下排，两岸分滞"的防洪方略。上拦，是指在黄土高原开展水土保持，在中游干支流修建三门峡水利枢纽、陆浑水库、故县水库、河口村水库和小浪底水利枢纽。下排，是指对黄河下游大堤进行加高培厚，自下而上开展河道整治，对河口进行治理，将洪水泥沙排泄入海。两岸分滞，是指为了防御大洪水和超标准洪水，减轻凌汛威胁，开辟北金堤、东平湖等滞洪区，用于分滞超过河道排洪能力的洪水。

按"上拦下排、两岸分滞"的黄河防洪方略,进行防洪工程建设,初步建成了由堤防、河道整治工程、分滞洪工程及中游干支流水库组成的黄河下游防洪工程体系(见图3-2),同时,加强了防洪工程措施的建设,经过积极防守,战胜了历年的洪水,取得了年年安澜的伟大胜利,实践表明,20世纪六七十年代采取的"上拦下排、两岸分滞"的治河思想是正确的。

图3-2 黄河下游防洪工程体系

(四)"上拦下排,两岸分滞"及"拦、排、放、调、挖"

泥沙问题是黄河难治的症结所在,解决黄河的洪水和泥沙问题,需采取多种措施综合治理。在"上拦下排,两岸分滞"治黄方略的基础上,自20世纪80年代以来,总结多年的治黄实践,又逐步增加了"拦、排、放、调、挖"综合处理泥沙措施。黄河防洪减淤要按照"上拦下排,两岸分滞"控制洪水,"拦、排、放、调、挖"综合处理泥沙,将控制洪水和解决泥沙问题有机地结合起来,逐渐形成和完善防洪减淤体系,实现黄河的长治久安。泥沙综合处理措施中,"拦"主要靠上中游地区的水土保持和干支流控制性骨干工程拦减泥沙;"排"就是通过各类河防工程的建设,将进入下游的泥沙利用现行河道尽可能多地输送入海;"放"主要是在中下游两岸处理和利用一部分泥沙;"调"是利用干流骨干工程(水库)调节水沙过程,使之适应河道的输沙特性,以利排沙入海,减少河道淤积和节省输沙水量;"挖"就是挖河淤背加固黄河干堤,逐步形成"相对地下河"。

在不断发展完善的治河思想指导下,勤劳智慧的治黄工作者和人民群众进行了大量的治黄工作,黄河取得了连续50多年伏秋大汛不决口的安澜局面。

二、21世纪提出的黄河防洪治理方略

(一)《黄河流域防洪规划》制定背景及过程

1.编制背景

新中国成立以来,党和政府对黄河防洪十分重视,在下游坚持不懈地进行了堤防加高

加固及河道整治,开辟了北金堤、东平湖滞洪区及齐河、垦利展宽区;在中游干支流上修建了三门峡水利枢纽、小浪底水利枢纽,伊河陆浑水库和洛河故县水库,初步形成了"上拦下排,两岸分滞"的防洪工程体系。同时,还进行了防洪非工程措施的建设。依靠这些措施和沿黄军民的严密防守,下游防洪取得了连续 50 多年伏秋大汛不决口的辉煌成就。黄河上中游干流河段、主要支流在防洪治理方面也取得了很大成效,洪水灾害得到一定程度的控制,促进了流域经济社会的健康发展。

1998 年长江、松花江、嫩江发生大洪水,水利部依据《中华人民共和国水法》《中华人民共和国防洪法》,布置开展了全国防洪规划的编制工作。

根据水利部统一部署,结合流域防洪形势的变化和防洪要求,黄河水利委员会组织流域内青海、甘肃、宁夏、内蒙古、山西、陕西、河南、山东 8 省(自治区)有关部门开展了《黄河流域防洪规划》(简称《规划》)编制工作。

2.编制过程

1998 年 11 月,黄河水利委员会成立了黄河防洪规划领导小组,负责对规划编制工作的统一领导,于 2000 年 8 月完成了《规划》汇总成果的初稿。

2002 年 6 月,黄河水利委员会组织专家在郑州召开了《黄河流域(片)防洪规划纲要》审查会,根据审查会会议纪要对报告进行修改完善后上报水利部。2002 年 8 月,水利部水利水电规划设计总院在北京主持召开了黄河流域防洪规划成果讨论会。根据会议纪要并征求各省(区)意见,对《黄河流域(片)防洪规划纲要》进行了补充修改完善。

2004 年 11 月,水利部在北京主持召开了黄河流域防洪规划审查会,并审查通过了《黄河流域防洪规划(送审稿)》,黄河水利委员会组织规划编制单位根据审查意见对《规划》进行了补充修改。2006 年,水利部以办规计函〔2006〕155 号文征求国务院有关部门、解放军总参谋部、流域内各省(区)人民政府的意见。国家发展和改革委员会委托中国国际工程咨询公司对《规划》进行了评估。根据各部委和地方政府的反馈意见,黄河水利委员会再次对《规划》进行了修改完善。

2008 年 6 月,水利部以水规计〔2008〕226 号文将《规划》上报国务院审批,2008 年 7 月,国务院以国函〔2008〕63 号文批复通过了《规划》。

《规划》在总结以往有关规划、研究成果和黄河治理经验和教训的基础上,通过调查、收集及勘测,获取了最新的经济社会、水文、泥沙、地形、地质资料,开展了大量的基础及专题研究工作,按照科学发展观的要求和中央水利工作方针,结合新的形势及黄河流域的实际情况,对防洪工程体系和防洪标准进行了全面复核,提出了防洪减淤规划布局,以及防洪减淤工程措施和非工程措施。《规划》用以指导以后 20 年黄河流域的防洪减淤工作,是 21 世纪初期黄河流域防洪减淤建设与管理的基础和依据。

(二)黄河治理方略的提出

进入 21 世纪,随着水沙形势的变化和流域经济社会的发展,黄河出现了下游主槽淤积严重,"二级悬河"日益加剧;水土流失依然十分严重,水沙关系更加不协调;水资源供需矛盾尖锐,水环境恶化等新的问题。针对新问题,为指导新时期黄河治理开发,黄河水利委员会及时提出"维持黄河健康生命"的治河新理念,明确了维持黄河健康生命为黄河治理开发的终极目标。根据 2008 年国务院批复的《规划》,在控制洪水方针、综合处理泥沙措施的基础上,提出了综合管理洪水和下游河道治理方略,确保下游堤防不决口。

1)"控制、利用、塑造"综合管理洪水

黄河水利委员会在"上拦下排,两岸分滞"控制洪水方针的基础上,根据治黄新形势,提出了由控制洪水向"控制、利用、塑造"综合管理洪水转变。

(1)控制。对大洪水和特大洪水,按照科学合理的洪水处理方案,依据水文预报、工程布局和可控能力,通过干支流水库的联合调度和滞洪区的适时启用,将洪水控制在两岸标准化堤防之间,确保大堤不决口,尽最大努力减少灾害损失,提高对洪水的控制能力。控制洪水是管理洪水的前提和基础,管理洪水是对控制洪水理念的继承与发展。

(2)利用。对中常洪水,合理承担适度风险,充分考虑黄河洪水的资源属性和造床功能。一方面,通过塑造协调合理的水沙关系,不但使洪水冲刷河槽,而且挟沙入海,恢复河槽的过流能力;另一方面,对汛期洪水进行分期管理、科学拦蓄后,将黄河洪水资源化,为下一年农田灌溉和确保黄河不断流提供宝贵的水资源。

(3)塑造。在河道里没有洪水且条件具备时,通过水库群联合调度等措施,塑造人工洪水及其过程,减少水库泥沙淤积,防止河道内因长期没有洪水通过,主槽发生萎缩,并把挟沙水流输送入海。

2)"上拦下排,两岸分滞"控制洪水;"拦、排、放、调、挖"综合处理泥沙

总结多年的治黄实践,采取综合措施,是解决黄河洪水和泥沙问题的关键。黄河防洪减淤按照"上拦下排,两岸分滞"控制洪水;"拦、排、放、调、挖"综合处理泥沙。将控制洪水和解决泥沙问题有机地结合起来,逐渐形成和完善防洪减淤体系,实现黄河的长治久安。

"上拦"就是根据黄河洪水陡涨陡落的特点,在中游干支流修建大型水库,以显著削减洪峰;"下排"即充分利用河道排洪入海;"两岸分滞"即在必要时利用滞洪区分洪,滞蓄洪水。"拦"主要靠上中游地区的水土保持和干支流控制性骨干工程拦减泥沙。"排"就是通过各类河防工程的建设,将进入下游的泥沙利用现行河道尽可能多地输送入海。"放"主要是在中下游两岸处理和利用一部分泥沙。"调"是利用干流骨干工程调节水沙过程,使之适应河道的输沙特性,以利排沙入海,减少河道淤积和节省输沙水量。"挖"就是挖河淤背加固黄河干堤,逐步形成"相对地下河"。

3)"稳定主槽、调水调沙,宽河固堤、政策补偿"的下游河道治理方略

小浪底水利枢纽是黄河防洪减淤体系的关键性工程,在防洪、减淤、灌溉等方面发挥了重要作用,它的运行使黄河下游实现了不断流,黄河下游泥沙淤积减少,但是针对黄河下游目前存在的堤防质量差、下游河道主流游荡多变、小浪底水库控制不了小花间洪水、下游河床萎缩严重、"二级悬河"发育加快、主槽过洪能力急剧下降等突出问题,仅靠小浪底水库是不能解决的。为此,黄河水利委员会多次组织专家集思广益、研讨交流,提出了"稳定主槽、调水调沙,宽河固堤、政策补偿"的黄河下游河道治理方略。

"稳定主槽"和"调水调沙"为一组,前者为目的,后者为措施,二者联系紧密,相互配合。黄河下游的防洪减淤要形成稳定的主槽,就需要通过一系列的河道整治工程措施,稳定主流,控制游荡不定的河势,调节水沙关系,逐步塑造一个相对稳定、滩槽差较大的窄深主槽;要完善下游的水沙关系,需要在中上游的干支流上修建控制性骨干水库,通过水库

群联合调度,调水调沙运用,使下游河道形成 4 000~5 000 m³/s 的中水平滩流量,既能在主槽中运行并不断刷深主槽,一般情况下又不漫滩,不致影响滩区群众的生产生活。

"宽河固堤"与"政策补偿"为一组,前者为工程性措施,后者为非工程性措施,为前者提供支持,二者需要紧密配合,相辅相成。"宽河固堤"是为了防御当黄河下游遭遇大洪水或特大洪水时,一方面宽阔的河漫滩成为行洪主阵地,滩地行洪泥沙落淤,主流从滩地归槽冲刷主槽,实现淤滩刷槽;另一方面,由两岸建设加固的标准化堤防约束滩地及主槽洪水,保证堤防不决口,保护黄河两岸人民生命财产的安全。"政策补偿"是对"宽河固堤"洪水漫滩行洪在滩区所造成的灾情,由国家制定政策补偿,给滩区受灾群众一定的经济补偿,开展滩区治理,使滩区广大群众和全国人民一道奔小康。黄河下游滩区的削峰滞洪和沉沙作用十分明显,但广阔的滩区原有群众种植作物,还有大量居民,滩区的行洪落淤要和群众生产生活紧密相联。因此,实行滩区淹没补偿政策,不但可以保证黄河下游河道治理方略得以顺利实施,而且还可以有效解决黄河下游滩区的治理开发管理问题、生产堤的破除问题、调水调沙实施问题等一系列矛盾,对恢复和维持黄河下游主槽的过洪能力,维持河流的健康生命具有重要推动作用。

※黄河小知识

我国历史上最早的一篇比较全面的治河方策是什么?

两汉时期,对黄河堤防颇为重视,不仅设置专职人员负责治河,投入大量的经费,各种治河思想也比较活跃。著名的"贾让三策"即诞生于此时。汉哀帝初期,要求"部刺史、三辅、三河、弘农太守"举荐能治河者。贾让应诏上书,提出了自己的治河见解。由于它包含有三种治河方案,后世称之为"贾让三策"。

贾让的上策是人工改河。在今河南滑县西南古大河的河口一带掘堤,使河水北去,穿过魏郡的中部,然后转向东北入海。中策是在冀州穿渠,不仅可以分流洪水,而且可以灌溉兴利。下策是继续加高培厚原来的堤防。但他认为,由于原来的堤防把河道束得很窄,它的存在已成为洪水下泄的严重阻碍,即使花费很大力气加高培厚,也不会有好的效果。

"贾让三策"不仅提出了防御洪水的对策,还提出了放淤、改土、通漕等多方面的措施,是我国治理黄河史上第一个除害兴利的规划,也是保留至今的我国最早的一篇比较全面的治河文献。

第二节 规划指导思想、防洪目标与总体布局

在总结以往有关规划、研究成果及黄河治理经验和教训的基础上,通过大量的基础及专题研究工作,按照可持续发展观,以及人与自然和谐相处的要求,制定了《规划》的指导思想、防洪目标与总体布局。

一、指导思想及基本原则

(一) 指导思想

以科学发展观为指导,在认真总结黄河治理经验的基础上,针对黄河洪水、泥沙的特点及经济社会发展对黄河防洪的新要求,按照"上拦下排,两岸分滞"控制洪水和"拦、排、放、调、挖"综合处理泥沙的方针进一步完善黄河防洪减淤体系;加强水资源节约与保护,改善生态与环境,维护黄河健康;完善水沙调控措施,逐步实现对洪水泥沙的科学管理与调度;重视防洪非工程措施建设,建立和完善防洪社会化管理机制,推进洪水风险管理,提高抗御洪水泥沙灾害的能力,为全面建成小康社会提供防洪安全保障。

(二) 基本原则

基本原则包括:坚持以人为本,促进人与自然和谐相处;防洪建设与经济社会发展相协调;坚持全面规划、统筹兼顾、标本兼治、综合治理;因地制宜,突出重点;工程措施与非工程措施相结合;坚持优先控制黄河粗沙;规划拟定的防洪目标、标准及工程布局,要与土地利用等总体规划相衔接协调等 7 方面。

二、规划目标

黄河治理开发的总体目标是维持黄河健康生命,防洪减淤是其重要组成部分,为谋求黄河的长治久安,保障流域及下游防洪保护区经济社会可持续发展,近期和远期的防洪规划目标如下。

(一) 近期目标

到 2015 年,初步建成黄河防洪减淤体系,基本控制洪水,确保防御花园口站洪峰流量 22 000 m³/s 堤防不决口。适时建设干支流骨干工程,基本形成下游水沙调控体系,结合挖河固堤及"二级悬河"治理,与现有水库联合运用,实现下游 4 000~5 000 m³/s 中水河槽的塑造,逐步恢复主槽行洪排沙能力;基本完成下游标准化堤防建设,强化河道整治,初步控制游荡性河段河势,提高宁蒙河段防治冰凌洪水灾害的能力,实施东平湖滞洪区工程加固和安全建设,保证分洪运用安全。加强滩区安全建设,研究和建立滩区淹没政策补偿机制,基本保证滩区群众生命财产安全。加强河口治理,相对稳定入海流路。实施小北干流放淤工程,淤粗排细,减轻小浪底水库及下游河道淤积。基本控制人为产生新的水土流失,新增水土流失治理面积 12.1 万 km²,平均每年减少入黄泥沙达到 5 亿 t,遏制生态环境恶化的趋势。

黄河上中游干流、主要支流重点防洪河段的河防工程基本达到设计标准,大中型病险水库除险加固全部完成,防洪任务较重的 8 座省会城市全部达到国家规定的防洪标准。

加强信息化建设,以信息化为突破口,以建设"数字黄河"工程为重点,基本实现防洪非工程措施及管理现代化。

(二) 远期目标

到 2025 年,基本形成以干流骨干水库为主的水沙调控体系,防止河床抬高,维持下游中水河槽稳定,局部河段初步形成"相对地下河"雏形;基本控制下游游荡性河段河势。保障滩区群众生命财产安全,完善政策补偿机制。根据实施效果,继续开展小北干流放淤,延长小浪底水库寿命,减轻下游河道淤积。继续开展水土流失区的治理,再治理水土流失面积 12.1 万 km^2,多沙粗沙区基本得到治理,平均每年减少入黄泥沙达到 6 亿 t,生态环境恶化的趋势进一步得到遏制。

黄河上中游干流、主要支流防洪河段的河防工程达到设计标准,重要城市达到国家规定的防洪标准。

三、防洪减淤体系总体布局

防洪减淤是维持黄河健康生命的重要内容,根据多年来的治黄实践和各方面的探索研究成果,解决黄河的洪水和泥沙问题,必须针对洪水、泥沙的来源区及危害河段,上中下游统筹兼顾,采取多种措施,互相配合,水沙兼治,综合治理。按照前述治理方略,黄河防洪减淤的总体布局如下:

(1)构筑控制黄河粗泥沙的三道防线。第一,做好黄土高原水土保持,特别是多沙粗沙区水土保持治理工作,减少入黄泥沙,尤其是进入下游河道的粗泥沙;第二,实施小北干流放淤工程,淤粗排细;第三,利用龙羊峡、刘家峡、三门峡和小浪底等已建的骨干水利枢纽,以及在上中游规划兴建的水利枢纽工程,调水调沙,拦蓄洪水泥沙,形成控制黄河粗泥沙的三道防线。

(2)加强河防工程及分滞洪工程。黄河上中游加快干流及主要支流重点防洪河段的河防工程建设,下游建设标准化堤防约束洪水;加强河道整治,控制河势引导主流,结合调水调沙,形成稳定的中水河槽;加强滩区安全建设,制定实施滩区洪水淹没损失的补偿政策;结合挖河淤背固堤,淤筑"相对地下河";配套完善分滞洪工程,分滞洪水。

(3)完善非工程措施。完善水文测报、洪水调度、通信、防汛抢险、防洪政策法规等非工程措施,形成完整的防洪减淤体系。

(一)水沙调控体系

1.水沙调控体系的作用

水沙调控体系主要由已建的干流龙羊峡、刘家峡、三门峡、小浪底和支流陆浑、故县以及规划中的干流碛口、古贤、黑山峡河段工程和支流河口村、东庄等控制性骨干工程组成。就防洪减淤来讲,水沙调控体系具有拦蓄洪水、拦减泥沙、调水调沙三大功能,对黄河下游及上中游河道防洪减淤具有重要作用。

黄河水量主要来自上游地区,而洪水泥沙主要来自中游地区,需要在上游形成干流骨干水库群及中游干支流骨干水库群,采取不同的水库群组合联合运用。对于上游水库群,利用水库调水调沙,减轻宁蒙河段淤积;同时,在汛期、凌汛期投入防洪防凌运用,减轻宁蒙河段的防洪防凌负担,并为中游水库群调水调沙提供水流动力。对于中游水库群,利用三门峡、小浪底、陆浑、故县、河口村等干支流水库的防洪库容拦蓄洪水,有效削减下游洪水;利用碛口、古贤、小浪底等水库拦沙库容拦减泥沙,大幅度减少进入下游河道的泥沙;利用以小浪底、古贤为核心的中游干支流水库群联合调水调沙,使下游河道形成 4 000~5 000 m^3/s 稳定的中水河槽流量,长期减轻下游河道淤积。

2.骨干水库

干流已建的小浪底水库及规划中的古贤水库、碛口水库等骨干水库调蓄能力强,是全

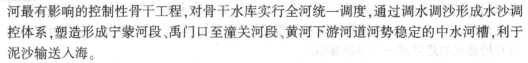

河最有影响的控制性骨干工程,对骨干水库实行全河统一调度,通过调水调沙形成水沙调控体系,塑造形成宁蒙河段、禹门口至潼关河段、黄河下游河道河势稳定的中水河槽,利于泥沙输送入海。

1) 小浪底水库

该水库位于黄河干流最后一个峡谷的出口处,是防治黄河下游水害、开发黄河水利的重大战略措施。小浪底水库总库容 126.5 亿 m^3,利用死库容拦沙 100 亿 t,减少下游河道淤积 76 亿 t,相当于黄河下游 20 年不淤积。该水库与黄河干流上的三门峡水库及支流上的故县水库、陆浑水库联合运用,可大幅度削减下游洪水,基本解除下游凌汛、洪水威胁。

2) 古贤水库

该水库规划位于晋陕峡谷的下段,可行性研究资料显示,水库总库容 153 亿 m^3,有效库容 48.5 亿 m^3,拦沙库容 104.5 亿 m^3,水库拦沙 138 亿 t,可以减少禹门口至潼关河道淤积量 54 亿 t,相当于该河段 52 年的淤积量,可降低潼关高程,对禹潼河段和渭河下游治理具有巨大作用。可控制河龙区间的全部洪水和入黄泥沙 9.38 亿 t,减少下游河道淤积 77 亿 t,相当于黄河下游河道 21 年的淤积量;该水库还可以减轻三门峡水库对"上大洪水"滞洪时的淤积。

3) 碛口水库

该水库规划位于晋陕峡谷的中部,水库总库容 125.7 亿 m^3,可以拦沙 144 亿 t,控制入黄泥沙约 5.65 亿 t,可减少禹门口至潼关河道淤积 22 亿 t,相当于 20 年的淤积量;可减少黄河下游河道淤积 74 亿 t,相当于黄河下游河道 20 年的淤积量。

根据目前的研究,适时兴建一些必要的骨干水库群,逐渐形成完善的黄河水沙调控体系,配合其他措施,可使下游河道在 100 年或更长时间内不显著淤积抬高,有效控制潼关高程不升高,甚至有所降低。

(二)水土保持

水土保持是减少入黄泥沙、治理黄河的根本措施。由于黄土高原地区自然地理条件复杂,水土流失面广量大,类型多样,必须根据各类型区的特点分区治理。重点关注水土流失面积 45.4 万 km^2 中的 7.86 万 km^2 的多沙粗沙区,该区来沙量占黄河总泥沙量的 63%,其中大于 0.05 mm 的粗沙量占全河粗沙总量的 73%,集中力量,增加投入,加快治理该地区是减少入黄泥沙和减轻下游河道淤积的关键。

水土保持以小流域为单元,以淤地坝为主,因地制宜,采用生物和耕作等措施多措并举、综合治理。淤地坝建设是水土保持的关键,在多沙粗沙区,重力侵蚀严重,通过大量修建淤地坝,就地拦蓄泥沙,迅速减少进入黄河的泥沙。水土保持需要通过一代又一代人长期坚持不懈地努力,才能最终实现减少入黄泥沙的显著效果。

(三)放淤工程

在黄河干流部分河段引洪放淤是处理泥沙的重要措施之一。黄河禹门口至潼关河段的小北干流滩地面积广阔,居民稀少,生产相对落后,大部分为盐碱低洼地,是堆放黄河泥沙的理想场地,以淤粗排细为目的,将黄河部分粗泥沙堆放于此。

初步分析,在小北干流滩地采取有坝放淤措施,335 m 高程以上滩地可放 100 亿 t 左右,相当于小浪底水库的拦沙量,延长黄河小浪底水库拦沙减淤寿命,可减缓黄河下游河道淤积抬高,还对降低潼关高程十分有利,是处理泥沙和有效降低潼关高程的一项重大战略措施。

(四)河防工程

1.黄河下游河防工程

河防工程是防洪减淤体系的基础,建设重点在黄河下游。黄河下游的河防工程包括标准化堤防建设、河道整治、挖河固堤及"二级悬河"治理、河口治理等。

(1)加强堤防建设,根据水沙条件变化及河道冲淤情况,坚持不懈地进行堤防加高加固,建成标准化堤防,防止堤防决溢。

(2)加强河道整治,挖河疏浚,治理"二级悬河",塑造相对窄深的中水河槽,控制游荡性河势,稳定主槽,防止直冲大堤的"横河""斜河"等不利河势的发生。

(3)加强河口治理,相对稳定入海流路,减少河口淤积延伸对下游河道溯源淤积的影响。

通过综合治理,使下游河道在中小洪水时,水流不漫滩,而是在相对稳定窄深的主槽中行进,减少因洪水漫滩对滩区的淹没,使滩区群众安居乐业;在大洪水或特大洪水时,全面漫滩行洪,利用广阔的河漫滩滞洪沉沙,淤滩刷槽,扩大主槽的过洪能力,洪水漫滩造成的滩区灾情由国家给予补偿,并依靠标准化堤防约束洪水,保证堤防不决口,保障黄淮海平原经济社会稳定发展。

2.黄河中游河防工程

加强黄河宁蒙河段、禹门口至潼关河段、潼关至三门峡大坝等上中游干流河段,以及沁河下游、渭河下游等主要支流重点防洪河段的堤防、险工、控导护岸等河防工程建设,全面提高流域防洪能力。

(五)分滞洪工程

当黄河下游发生超过堤防设防标准洪水时,为了减少洪灾损失,需要使用分滞洪区分滞洪水,牺牲局部保全大局。目前黄河下游分滞洪区共有5处,即东平湖滞洪区、北金堤滞洪区、大功分洪区、齐河及垦利展宽区。作为分滞洪区,当地经济社会发展受到了一定程度的制约,相对落后于周边地区,群众生活较为困难。小浪底水库的建成运用,大幅度削减下游稀遇洪水,防凌形势也大为改观,加上滞洪区经济社会发展的需求,应合理安排工程及安全建设。

东平湖滞洪区位于黄河下游由宽河道转为窄河道的过渡段,是保证窄河段防洪安全的关键工程,承担分滞黄河洪水和调蓄汶河洪水的双重任务,控制艾山下泄流量不超过10 000 m³/s。小浪底水库建成后,东平湖滞洪区的分洪运用概率为近30年一遇,分洪运用仍很频繁,为必须保留的滞洪区,是今后分滞洪区建设的重点。抓紧东平湖滞洪区工程除险加固,疏通北排及南排通道,搞好湖区33.81万群众的安全建设,保证分洪运用时,"分得进、守得住、排得出、群众保安全"。

北金堤滞洪区是防御黄河下游超标准洪水的重要工程措施之一。滞洪区内人口约170万人,还有国家大型企业中原油田。小浪底水库建成后,北金堤滞洪区的分洪运用概率为近1 000年一遇。虽然北金堤滞洪区的分洪运用概率很小,但考虑到小浪底水库拦沙库容淤满后,下游河道仍会继续淤积抬高,堤防防洪标准将随之降低,从目前的认识和黄河防洪减淤的长远考虑,规划将北金堤滞洪区作为防御特大洪水的临时分洪措施予以保留。

大功分洪区、齐河及垦利展宽区3个分洪区,在小浪底水库运行以后使用概率很小或可以不再使用,故《规划》中安排东平湖滞洪区为重点滞洪区,分滞黄河设防标准以内的洪水;北金堤滞洪区为保留滞洪区,作为处理超标准特大洪水的临时分洪措施;其余3处可以取消。

(六)防洪非工程措施

防洪措施除了上面所述的水库、水土保持、河防工程等工程措施外,还有非工程措施,非工程措施对保障防洪安全有长期的重要作用,应逐步完善非工程措施。如搞好水情测报、防汛专用通信网、信息网、决策支持系统、洪水调度等数字防汛建设等非工程措施,由控制洪水逐步向管理洪水转变,加强防洪、防凌工程的统一调度和防洪区管理,制定完善有关政策、法规,加强水政执法,强化防汛抢险技术培训,逐步形成适应防洪减淤体系有效运作的管理保障体系。

※黄河小知识

黄土高原水土保持的主要措施有哪些?目前已治理水土流失多少?

水土流失综合治理措施主要包括工程、植物、耕作三大措施。工程措施包括淤地坝建设和坡改梯,植物措施包括造林和种草,耕作措施包括封禁治理,此外还有建设谷坊、水窖、涝池、沟头防护等小型水保工程,对解决人畜饮水和防治沟道侵蚀也具有重要作用。

内蒙古自治区清水河县淤地坝

近年来,国家加大水土流失治理力度,先后在黄河流域实施了黄河上中游水土保持重点防治工程、国家水土保持重点建设工程、黄土高原淤地坝试点工程、农业综合开发水土保持等国家重点水土保持项目,截至2021年底,黄河流域累计初步治理水土流失面积25.96万 km²,建成淤地坝5.6万多座,以及大量的小型蓄水保土工程。水利水保措施年均减少入黄泥沙3.5亿~4.5亿 t。

第三节 黄河下游防洪减淤规划

黄河下游防洪既要管理洪水,防御洪水决堤,又要处理和利用泥沙,防止河道泥沙淤积。必须加强标准化堤防、河道整治、滞洪区等下游防洪工程建设,防止洪水决堤。搞好黄土高原水土保持和小北干流放淤,减少进入下游河道的泥沙,尤其是粗泥沙,防止泥沙淤积到下游河道;同时建立完善的黄河水沙调控体系,管理洪水,拦减泥沙,进行调水调沙。

一、下游防洪工程规划

(一)堤防工程

黄河下游堤防是防御洪水的主要屏障。目前黄河下游共有各类堤防 2 285.115 km,其中临黄堤防 1 371.2 km、分滞洪区堤防 312.868 km。人民治黄以来,1950~1959 年、1962~1965 年及 1974~1985 年,黄河下游共经过三次较大规模修堤,对堤防加高加固,大大增强了堤防的抗洪能力。黄河下游堤防断面顶宽 7~15 m;临黄大堤一般高 7~10 m,最高达 14 m,临背河地面高差 3~5 m,最高达 10 m 以上;临背坡,艾山以上均为 1:3;艾山以下临河坡 1:2.5,背河坡 1:3。

《规划》提出,堤防设防流量仍按国务院批准的防御花园口 22 000 m³/s 洪水标准。考虑到河道沿程滞洪和东平湖滞洪区分滞洪作用,以及支流汇入情况,沿程主要断面设防流量为:夹河滩 21 500 m³/s、高村 20 000 m³/s、孙口 17 500 m³/s、艾山以下 11 000 m³/s。

1.堤防加固

对黄河下游堤防进行加固,大堤加固采用放淤固堤、截渗墙、前戗、后戗、锥探压力灌浆等主要措施。长期的实践证明,放淤固堤具有提高堤防的整体稳定性、疏浚减淤、淤高背河地面及为防汛抢险提供场地、料源等优点,该措施已受到沿黄地方政府的大力支持。截渗墙对消除堤身隐患和处理基础渗水有较好作用。因此,下游堤防加固建设的原则是:以放淤固堤为主,截渗墙加固为辅;凡具备放淤固堤条件的堤段均采用放淤固堤加固,对背河有较大村镇、搬迁任务较重的堤段采用截渗墙加固。黄河下游规划加固堤段长 1 273.29 km,其中放淤固堤 1 185.59 km,截渗墙加固 87.7 km(见表 3-3)。

为减少堤防汛期出现渗水等险情,《规划》要求放淤固堤宽度为 100 m,高度与设计洪水位平。在背河的边坡和顶部包边盖顶,厚度为 0.5 m,顶部营造适生林带。

2.堤防加高帮宽

根据《堤防工程设计规范》(GB 50286—2013),设计堤顶高程为设计洪水位加超高,各河段的堤防超高为:沁河口以上 2.5 m,沁河口至高村 3.0 m,高村至艾山 2.5 m,艾山以下 2.1 m。

堤顶宽度的确定主要考虑到堤身稳定要求、防汛抢险、料物储存、交通运输、工程管理等因素。考虑到临黄大堤属于特别重要的 1 级堤防,设计顶宽 12 m。堤防临背河边坡 1:3。

按堤防实测资料,与堤防设计基本断面相比,规划加高帮宽堤段总长 1 190.863 km,其中加高 597.585 km(见表 3-3)。

3.险工改建加固

险工是紧邻大堤修建的护堤建筑物,拟定险工改建加固原则为:坝顶高程低于设计坝顶高程 0.5 m 以上的进行加高,砌石坝全部拆改为扣石坝或乱石坝,对扣石坝或乱石坝坦石坡度不够的进行拆改,根石坡度和深度达不到设计要求的坝垛进行加固。规划改建加

固工程见表3-3。

表3-3　黄河下游堤防加高加固工程规划

河段	岸别	堤防长度/km	堤防加高帮宽长度/km		堤防加固长度/km		
			加高帮宽	其中加高	放淤固堤	截渗墙	合计
郑州铁路桥以上	左岸	66.923	34.540	5.000	28.28		28.28
	右岸	7.600	7.600	2.024			
	小计	74.523	42.140	7.024	28.28		28.28
郑州铁路桥至东坝头	左岸	104.128	97.798	0.686	100.03		100.03
	右岸	144.652	42.874		124.25	0.5	124.75
	小计	248.780	140.672	0.686	224.28	0.5	224.78
东坝头至高村	左岸	86.320	85.320	67.320	86.32		86.32
	右岸	67.103	48.000	21.400	60.50	6.6	67.10
	小计	153.423	133.320	88.720	146.82	6.6	153.42
高村至陶城铺	左岸	139.485	128.085	56.007	99.75	39.7	139.45
	右岸	147.753	145.752	62.580	116.59	26.5	143.09
	小计	287.238	273.837	118.587	216.34	66.2	282.54
陶城铺至泺口	左岸	132.700	127.700	98.420	132.30		132.30
	右岸	31.580	31.580	22.930	20.38	1.2	21.58
	小计	164.280	158.730	121.350	152.68	1.2	153.88
泺口以下	左岸	217.423	217.424	129.819	202.68	6.8	209.48
	右岸	225.560	224.190	131.399	214.51	6.4	220.91
	小计	442.983	441.614	261.218	417.19	13.2	430.39
左岸合计		746.979	690.867	357.252	649.36	46.6	695.86
右岸合计		624.248	499.996	240.333	536.23	41.1	577.43
总计		1 371.227	1 190.863	597.585	1 185.59	87.7	1 273.29

关于险工作用规划设计、堤防规划设计施工及抢险在后面章节进行详细介绍。

(二)河道整治

1.整治方案规划

为了控制黄河下游河势变化,在充分利用险工的基础上,自下而上修建控导工程进行河道整治。

根据多年来黄河下游河道整治的实践经验,微弯型整治在窄河段取得了很大成效,在宽河段也逐步得到了推广应用,本次规划仍然采用中水流量微弯型整治方案。

整治流量是整治河道的控制流量,由原来的5 000 m³/s调整为4 000 m³/s,排洪河槽宽度由原来的2.5~3 km缩小为2~2.5 km,东坝头以上河段的整治河宽由1 200 m减少为800~1 000 m,并对河湾要素进行了调整。

2.控导工程新建和续建

黄河下游高村以上宽河段河道冲淤变化剧烈,主流游荡不定,河势变化频繁。本次在高村以上河段规划新建、续建控导工程53处,工程长度111.4 km。规划在高村以下河段新建、续建控导工程45处,工程长度45.3 km。

综上所述,黄河下游共规划新建、续建控导工程 98 处,工程长度 156.7 km,其中高村以上 111.4 km。平均按 100 m 建一道坝垛,需修建控导工程坝垛数 1 567 道,具体见表 3-4。

表 3-4　黄河下游控导工程新建、续建规划

河段	岸别	新建		续建		合计	
		处数	工程长度/m	处数	工程长度/m	处数	工程长度/m
郑州铁路桥以上	左岸	3	14 500	7	6 100	10	20 600
	右岸	3	14 200	7	12 800	10	27 000
	小计	6	28 700	14	18 900	20	47 600
郑州铁路桥至东坝头	左岸			11	23 700	11	23 700
	右岸	1	5 500	11	18 200	12	23 700
	小计	1	5 500	22	41 900	23	47 400
东坝头至高村	左岸			5	10 500	5	10 500
	右岸			5	5 900	5	5 900
	小计			10	16 400	10	16 400
高村至陶城铺	左岸			14	17 200	14	17 200
	右岸			9	8 600	9	8 600
	小计			23	25 800	23	25 800
陶城铺至泺口	左岸			5	5 500	5	5 500
	右岸	1	1 000	3	3 000	4	4 000
	小计	1	1 000	8	8 500	9	9 500
泺口以下	左岸			6	4 300	6	4 300
	右岸			7	5 700	7	5 700
	小计			13	10 000	13	10 000
左岸合计		3	14 500	48	67 300	51	81 800
右岸合计		5	20 700	42	54 200	47	74 900
总计		8	35 200	90	121 500	98	156 700

控导工程顶部高程陶城铺以上河段为整治流量 4 000 m^3/s 相应水位加 1 m 超高,陶城铺以下河段比滩面高 0.5 m。为了减少出险次数,除继续采用传统的柳石结构外,规划在控导工程新建、续建结构中增加了铅丝笼沉排坝和混凝土桩坝等。

3.工程加高加固

为充分发挥现有工程控导河势、保护堤防安全的作用,规划对不满足防洪要求的控导工程进行全面加高、加固,提高工程自身的抗洪能力。规划近期加高加固控导工程 177 处、坝垛 3 669 道,远期加固控导工程 202 处、坝垛 4 618 道。关于控导工程、坝垛作用及规划设计施工在后面河道整治章节中具体介绍。

(三)挖河固堤及"二级悬河"治理

泥沙问题是黄河难以治理的症结所在,有计划地在下游长期开展挖河固堤、放淤固堤、结合引黄供水沉沙淤高背河地面,淤筑相对地下河,是防洪的长远战略部署。

陶城铺以上河段,"二级悬河"最为发育,其中东坝头至陶城铺河段最为严重。根据

目前的认识,"二级悬河"的治理措施主要包括增水减沙、调水调沙、挖河疏浚、引洪放淤(淤填堤河)、截串堵汊以及生产堤处理等。规划结合水库调水调沙及河道整治,通过开挖疏浚主槽及人工扰沙,引洪放淤,淤堵串沟,淤填堤河,标本兼治,逐步治理"二级悬河",重点实施东坝头至陶城铺河段"二级悬河"治理。

考虑到小浪底水库建成后,陶城铺以下窄河段和河口段仍然可能会继续发生淤积,挖河固堤的重点是陶城铺以下的窄河段及河口段。挖出的泥沙用于加固堤防,淤筑相对地下河。

陶城铺至渔洼河段为河势得到控制的弯曲型河段,沿河两岸多由河道整治工程控制,相邻整治工程间为过渡段,过渡段的河道相对宽浅,水流挟沙能力降低,是主槽淤积的主要部位。规划对陶城铺至渔洼356 km河道的过渡段全线进行开挖,开挖河段长227.615 km。对河口过渡段主槽及拦门沙进行开挖疏通尾闾,以利向深海输沙。

(四)分滞洪工程

1.黄河下游分滞洪工程

1)东平湖滞洪区

东平湖为宋代梁山泊演变而来,由于黄河多次决口南徙,梁山泊逐渐淤积萎缩,为居民逐步垦殖。大汶河原经山东大清河流入渤海。1855年黄河改道夺大清河入渤海,大汶河(下游仍称大清河)遂入黄河。黄河河床逐年淤高,大清河入黄河口淤塞,以致积水成湖,形成黄河的自然滞洪区,民国年间始称东平湖。1958年,在位山修建拦河闸坝、进湖闸、出湖闸,并加高加固围堤成为东平湖水库。由于黄河河道淤积及湖周浸没等问题,于1962年改为滞洪工程,1963年改造为无坝分洪工程。

东平湖滞洪区位于黄河下游由宽河道转为窄河道的过渡段,是保证窄河段防洪安全的关键工程,承担分滞黄河洪水和调蓄汶河洪水的双重任务,控制艾山下泄流量不超过10 000 m³/s,解决艾山以下窄河段的防洪问题,以确保济南市、津浦铁路、艾山以下黄河两岸广大地区的防洪安全,同时还承担着调蓄汶河全部洪水的任务。

小浪底水库建成后,东平湖滞洪区的分洪运用概率为近30年一遇,分洪运用仍很频繁,为必须保留的滞洪区,是今后分滞洪区建设的重点。抓紧东平湖滞洪区工程除险加固,疏通北排及南排通道,搞好湖区33.81万群众的安全建设,保证分洪运用时,"分得进、守得住、排得出、群众保安全"。

2)北金堤滞洪区

北金堤滞洪区位于郑州花园口下游约190 km左岸临黄堤与北金堤之间的区域,1951年由国务院批准兴建,是防御黄河下游超标准洪水的重要工程措施之一。滞洪区有效分洪水量20亿m³,面积2 316 km²,涉及豫、鲁两省7个县(市)67个乡(镇)2 166个自然村,约157.23万人。北金堤滞洪区运用原则:当花园口站发生22 000 m³/s以上洪水,三门峡水库、故县水库、陆浑水库拦洪,东平湖水库充分运用后仍无法解决时,报请国务院批准,运用北金堤滞洪区滞洪(计算中考虑金堤河来水7亿m³)。分洪时机一般控制在高村站流量涨至20 000 m³/s时,分洪后大河流量一般控制在16 000~18 000 m³/s。分洪后主流沿回木沟、三里店沟直达濮阳南关,然后顺金堤河向下演进,由台前县张庄闸和闸下游大堤预留口门相机退入黄河。

渠村分洪闸是当黄河花园口站出现 22 000 m³/s 以上特大洪水时,向北金堤滞洪区分滞洪水的大型水利工程,为国家级一级建筑物,设计分洪流量为 10 000 m³/s,共分 56 孔。整个工程规模宏大,雄伟壮观,坐落在濮阳县南端的渠村乡,每年都有大批游客前来参观游览,是广大学生了解黄河、认识黄河的爱国主义教育基地。

3) 大功分洪区

大功分洪区位于河南省新乡市东南黄河北岸大堤与北金堤之间,分洪区南北宽平均 24 km,东西长 85 km,面积 2 040 km²,涉及河南省封丘、长垣、延津和滑县的部分地区。大功分洪区的主要任务是防御花园口 30 000 m³/s 以上特大洪水,是应对黄河下游超标准洪水的一项临时应急措施。该区分洪后部分洪水将穿越太行堤进入北金堤滞洪区,由台前县张庄退入黄河,同时部分洪水将顺太行堤至长垣大车集回归黄河。

小浪底水库建成后,黄河下游 1 000 年一遇洪水花园口站洪峰流量 22 600 m³/s,10 000 年一遇洪水花园口站洪峰流量 27 400 m³/s。即 10 000 年一遇洪水花园口站洪峰流量也不足 30 000 m³/s,大功分洪区使用的概率小于 10 000 年一遇。因此,不再使用大功分洪区处理黄河下游洪水。

4) 齐河展宽区

齐河展宽区主要是解决济南窄河段的凌洪威胁,黄河发生特大洪水时,用以滞蓄部分洪水。该区面积 106 km²,有效滞洪库容 3.9 亿 m³。临黄大堤上建有豆腐窝分洪闸,设计分洪流量 2 000 m³/s。展宽新堤下端建有大吴泄洪闸,设计泄洪能力 500 m³/s。运用原则:当花园口站发生 30 000 m³/s 以上特大洪水时,除充分运用三门峡、陆浑、故县、北金堤和东平湖拦洪滞洪外,再向齐河展宽区分洪 2 000 m³/s,由大吴闸向徒骇河分洪。同时还要运用黄河北岸封丘县大功临时溢洪堰分洪 5 000 m³/s。

5) 垦利展宽区

垦利展宽区是以防凌为主,结合防洪、放淤和灌溉,以保障两岸人民群众的生命安全,保障油田的开发和发展农业而兴建的。临黄堤上修建麻湾和曹店两座分凌闸,设计流量分别为 2 350 m³/s、1 090 m³/s,在章丘屋子修建退水闸一座,设计退水流量 530 m³/s。区内面积 123.33 km²,滞洪水位 13.0 m,相应库容 3.27 亿 m³。

齐河、垦利展宽区是为解决济南、垦利两个卡口河段的防凌问题而修建的。主要任务是保证展宽区附近及其以下河段的防凌、防洪安全。小浪底水库的运用及防凌技术和信息化水平的发展,使下游河道流量控制和调度手段有很大提高,从防凌角度来看,可不使用齐河、垦利展宽区分凌;从防洪角度来看,也不需要齐河展宽区分洪运用;综合考虑,取消齐河、垦利展宽区。

如前面所述,《规划》中安排东平湖滞洪区为重点滞洪区,北金堤滞洪区为保留滞洪区,其余 3 处可以取消。故下面主要介绍黄河下游东平湖重点滞洪区。

2.东平湖滞洪区规划

东平湖滞洪区调度运用原则,按三种情况考虑:①若黄河、汶河洪水不遭遇,尽量运用老湖调蓄;②若黄河、汶河洪水遭遇,一般掌握先老湖后新湖或新老湖分别运用的方式;③若黄河、汶河洪水严重遭遇,依照来水过程,分别利用老湖、新湖滞洪(老湖蓄汶河来水,新湖蓄黄河来水),视分洪情况适时破除二级湖堤、合理调度。当预报孙口站流量超过

10 000 m³/s且后续洪水有上涨趋势时,东平湖水库做好运用准备。具体运用时,由黄河防总根据洪水情况商山东省人民政府确定,并由山东省防汛指挥部组织实施。

黄河使用最频繁分洪区为东平湖分洪区,见图3-3。东平湖分洪区控制分洪区以下河道不超过安全泄流量。黄河陶城铺以下防洪标准为10 000 m³/s。当花园口站发生不超过15 000 m³/s洪水时,视黄河洪水量和汶河来水大小决定是否分洪。若需分洪,可运用老湖区分洪。

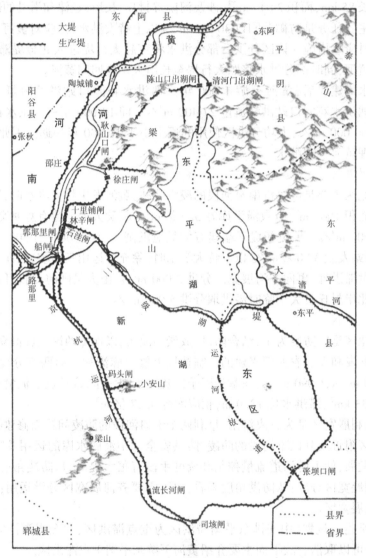

图3-3 东平湖分洪工程

当花园口站发生15 000~22 000 m³/s洪水时,经分析计算,如老湖区不能解决问题,则用新湖区;如新老湖区都需运用,则先开放石洼闸分洪进新湖区,再自上而下顺序使用分洪闸进老湖区。

分洪后,根据黄河洪水情况,运用陈山口和清河门出湖闸将湖区分蓄的洪水退入黄河;在不与梁济运河、南四湖洪涝水遭遇时,也可相机排水入南四湖。

1)滞洪区工程

(1)围坝。

围坝为1级堤防,规划顶宽10 m,超高2.5 m,临湖边坡1:3,背湖边坡1:2.5。对围坝全线采用截渗墙进行加固,对围坝高度不足0.5 m的7 km坝段进行加高。对临湖侧石护坡破损部分进行翻修加高,对背湖侧靠近村庄坝脚残缺的坝段建设浆砌石护堤固脚,对围坝坝顶及上坝路口进行路面硬化,对坝顶防汛屋进行改建完善,以利于防汛抢险及工程管理。

(2)二级湖堤。

二级湖堤为4级堤防,规划顶宽6 m,超高2 m,边坡1:2.5。规划对9.568 km长二级湖堤段加高,对8 km长二级湖堤段加固,对8.60 km长湖堤段进行石护坡翻修加高,并安排堤顶硬化及防汛屋改建。

(3)退排水工程及险闸处理。

随着黄河河床的不断淤积抬高,东平湖退水入黄日趋困难,规划疏通北排和南排通道。以北排入黄为主,相机南排退水经梁济运河入南四湖。主要工程为出湖入黄河道疏浚开挖、兴建庞口防倒灌闸,改建二级湖堤上的八里湾闸等。规划在滞洪区围坝及山口隔堤上,拆除有隐患险闸3座、加固2座、改建3座。

2)戴村坝以下大清河河防工程

戴村坝以下大清河河防工程的设防流量为7 000 m³/s,约相当于20年一遇。左堤为2级堤防,规划顶宽8 m,超高2 m,边坡1:3;右堤为4级堤防,规划顶宽5 m,超高1.5 m,边坡1:2.5。

戴村坝以下大清河两岸河防工程,规划堤防加高帮宽27.8 km,后戗14.44 km,填塘加固16处;加固控导工程2处,全部改建4处险工。

3)滞洪区安全建设

东平湖新老湖区现有人口33.81万人,考虑人口增长因素,规划期内湖区人口将达到41.26万人。安全建设规划采用建村台就地避洪和临时撤退两种方式,其中新湖区全部采用临时撤退方式,老湖区根据具体情况两种方式相结合。

安排老湖区在村台就地避洪6.53万人,新、老湖区修建撤退道路临时撤退34.73万人。村台建设标准按人均60 m²,规划老湖区加高、扩建、新建村台面积391.56万 m²。

黄河下游防洪规划,还包括滩区安全建设、政策补偿、河口治理规划,由于篇幅所限,在此不再具体介绍。

二、水沙调控体系规划

(一)小浪底、三门峡等已建水库群联合调水调沙

1.已建水库群基本情况(见图3-4)

1)三门峡、万家寨水利枢纽与故县水库、陆浑水库

(1)三门峡水利枢纽。

"万里黄河第一坝"三门峡水利枢纽(见图3-5),是黄河干流上兴建的第一座大型水

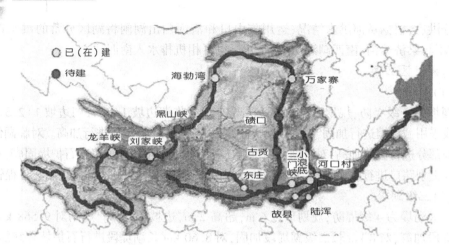

图 3-4　水沙调控体系水库群建设规划

图 3-5　三门峡水利枢纽

库,是我国人民治理和开发黄河的一次重大实践。工程于 1957 年动工兴建,1960 年 9 月开始蓄水运用。

三门峡水利枢纽位于黄河中游下段干流上,两岸连接豫、晋两省,在河南省三门峡市(原陕县会兴镇)东北约 17 km 处。坝址以上流域面积 68.8 万 km²,占全流域面积的 91.5%。

三门峡水利枢纽任务是防洪、防凌、灌溉、发电、供水。枢纽按正常高水位 360 m 高程设计,为减少淹没,国务院决定初期按正常高水位 350 m 高程施工,运用水位不超过 340 m 高程,控制在 333 m 高程以下,335 m 高程移民。1960 年按"蓄水拦沙"运用后库区淤积严重。在工程建设和运用过程中,对工程开发任务和运用方式,存在着不同的主张。为了减缓库区淤积,先后对工程进行两次改建,水库运用方式也进行了两次改变,1973年以来按"蓄清排浑"运用,库区淤积大为减缓。工程建成后,虽未达到原设计要求的效益,但仍具有防洪、防凌、灌溉、发电、供水等效益。

三门峡水利枢纽是根据治黄"除害兴利,蓄水拦沙"方针兴建的第一座高坝大库工程,是治理和开发黄河的一次重大实践。由于对泥沙淤积严重性认识不足和对水土保持及拦泥工程减沙效果估计过高,库区严重淤积,被迫对工程进行两次改建,枢纽运用方式经历了"蓄水拦沙"和"滞洪排沙"运用阶段,后改为"蓄清排浑"运用,发挥了枢纽调水调沙的重大作用。三门峡水利枢纽工程的实践,使人们对黄河水沙规律特殊性的认识得到了提高,为多沙河流开发治理提供了宝贵经验。

(2)万家寨水利枢纽。

万家寨水利枢纽(见图3-6)位于黄河北干流上段托克托至龙口峡谷河段内。坝址左岸为山西省偏关县,距庄三铁路三岔堡车站82.3 km;右岸为内蒙古自治区准格尔旗,距丰准铁路(丰镇至准格尔旗)薛家湾车站60.6 km,坝址以上流域面积394 813 km²。

图3-6 万家寨水利枢纽

万家寨水利枢纽任务是:供水结合发电调峰,并兼顾防洪和防凌。1994年底主体工程开工,2000年工程完工。

(3)故县水库与陆浑水库。

故县水库位于黄河支流洛河中游洛宁县境故县镇下游,东距洛阳市165 km,控制流域面积5 370 km²,占洛河流域面积(不含支流伊河面积)的41.8%。工程于1958年开工兴建,1992年基本建成。水库任务是:以防洪为主,兼有灌溉、发电、供水等。主要配合三门峡、小浪底、陆浑等水库以减轻黄河下游洪水威胁,同时提高洛阳市防洪标准。

陆浑水库位于伊河中游的河南嵩县,控制流域面积3 492 km²,占该河流域面积6 029 km²的57.9%,占三花间流域面积的8.4%,总库容13.20亿 m³,坝高55 m,是以防洪为主,结合灌溉、发电、养鱼等综合利用的水库。工程于1959年12月开始兴建,1965年8月底建成。水库任务是防洪、灌溉、发电和供水。主要作用是配合三门峡水库削减三门峡至花园口区间的洪峰流量,以减轻黄河下游的防洪负担。

2)小浪底水利枢纽与西霞院反调节水库

(1)小浪底水利枢纽。

小浪底水利枢纽(见图3-7)位于河南省洛阳市以北40 km的黄河干流上,南岸属孟津县,北岸属济源市,上距三门峡水利枢纽130 km,下距京广铁路郑州黄河铁桥115 km。

图3-7 小浪底水利枢纽

小浪底水利枢纽任务是:以防洪、防凌、减淤为主,兼顾供水、灌溉和发电。枢纽正常蓄水位275 m,死水位230 m,设计洪水位274 m,校核洪水位275 m;总库容126.5亿 m^3(正常蓄水位高程275 m以下),其中防洪库容40.5亿 m^3,调节库容51亿 m^3,死库容75.5亿 m^3。

小浪底水利枢纽是黄河干流三门峡以下唯一能够取得较大库容的控制性工程,既可较好地控制黄河洪水,又可利用其淤沙库容拦截泥沙,进行调水调沙运用,以减缓下游河床的淤积抬高。1991年4月,七届全国人大四次会议批准小浪底工程在"八五"期间动工兴建。1991年9月1日前期准备工程开工,主体工程于1994年9月12日开工,1997年10月28日,小浪底工程顺利实现大河截流。2000年11月30日,历时6年,大坝主体全部完工,2001年12月31日,工程全部竣工,总工期11年。2008年12月,小浪底工程通过竣工技术预验收,2009年4月通过竣工验收。

(2)西霞院反调节水库。

西霞院反调节水库(见图3-8)是黄河小浪底水利枢纽的配套工程,位于小浪底坝址下游16 km处的黄河干流上,下距郑州市116 km。水库总库容1.62亿 m^3,正常蓄水位134 m,汛期限制水位131 m。主体工程于2004年1月开工,2011年3月西霞院工程顺利通过国家竣工验收。西霞院工程的开发任务是以反调节为主,结合发电,兼顾灌溉、供水等综合利用,工程在反调节、发电、供水等方面取得了显著效益。

2.小浪底水利枢纽三次调水调沙试验

调水调沙就是通过干流骨干工程调节水沙过程,改变黄河水沙关系不协调的自然状

图 3-8　西霞院反调节水库

态,使之适应河道的输沙特性,减少河道淤积,恢复和维持主槽过洪能力。小浪底水利枢纽建成后,2002 年 7 月 4~15 日、2003 年 9 月 6~18 日和 2004 年 6 月 19 日至 7 月 13 日,分别进行了三次调水调沙试验。

1)2002 年 7 月 4~15 日首次试验

利用小浪底水库非汛期末汛期限制水位以上的蓄水量,并结合三门峡以上发生的小洪水,对小浪底、三门峡两库联合调度,进行了首次调水调沙试验。试验期间小浪底水库出库水量 26.06 亿 m^3,出库沙量 0.319 亿 t,水库平均出库流量 2 741 m^3/s,平均出库含沙量为 12.2 kg/m^3;7 月 21 日,调水调沙试验流量过程全部入海。试验期间黄河下游河道全程明显冲刷,净冲刷量为 0.362 亿 t;下游河道主槽冲刷 1.063 亿 t,滩地淤积 0.701 亿 t。全下游河道平滩流量均有一定程度的增加,其中平滩流量最小的夹河滩至孙口河段增加 300~500 m^3/s。

2)2003 年 9 月 6~18 日第二次试验

该试验的最大特点是对小浪底、三门峡、陆浑、故县四库水沙联合调度,实现了小浪底水库下泄的浑水与伊、洛、沁河的清水在花园口断面“对接”,形成花园口断面协调的水沙关系。本次试验小浪底水库入库水量 24.27 亿 m^3,出库水量 18.2 亿 m^3,下泄沙量 0.74 亿 t,平均出库含沙量 40.5 kg/m^3。该次试验期间,黄河下游全河段基本上都发生了冲刷,达到了下游河道减淤的目的,下游河道总冲刷量 0.456 亿 t。下游河道主槽过洪能力增加,试验前后同流量 2 000 m^3/s 时水位降低 0.2~0.4 m,主槽过洪能力增幅一般在 100~400 m^3/s。

3)2004 年 6 月 19 日至 7 月 13 日第三次试验

这是一次更大空间尺度的调水调沙试验,实际历时 19 d。第三次调水调沙试验主要依靠非汛期末汛期限制水位以上的蓄水,通过精确调度万家寨、三门峡、小浪底等水利枢纽工程,充分而科学地利用自然的力量,在小浪底库区塑造人工异重流,辅以人工扰动措施,调整其淤积形态,同时加大小浪底水库排沙量;利用进入下游河道水流富余的挟沙能力,在黄河下游“二级悬河”及主槽淤积最为严重的河段实施河床泥沙扰动,扩大主槽过

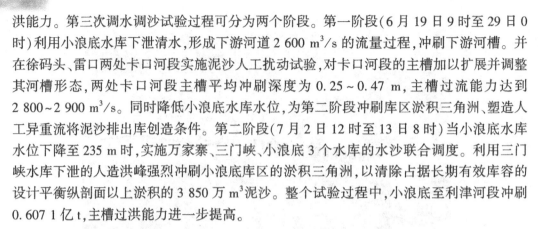

洪能力。第三次调水调沙试验过程可分为两个阶段。第一阶段(6月19日9时至29日0时)利用小浪底水库下泄清水,形成下游河道2 600 m³/s的流量过程,冲刷下游河槽。并在徐码头、雷口两处卡口河段实施泥沙人工扰动试验,对卡口河段的主槽加以扩展并调整其河槽形态,两处卡口河段主槽平均冲刷深度为0.25～0.47 m,主槽过流能力达到2 800~2 900 m³/s。同时降低小浪底水库水位,为第二阶段冲刷库区淤积三角洲、塑造人工异重流将泥沙排出库创造条件。第二阶段(7月2日12时至13日8时)当小浪底水库水位下降至235 m时,实施万家寨、三门峡、小浪底3个水库的水沙联合调度。利用三门峡水库下泄的人造洪峰强烈冲刷小浪底库区的淤积三角洲,以清除占据长期有效库容的设计平衡纵剖面以上淤积的3 850万 m³泥沙。整个试验过程中,小浪底至利津河段冲刷0.607 1亿t,主槽过洪能力进一步提高。

3.水库群联合调水调沙运行规划

小浪底水利枢纽三次调水调沙试验效果十分显著。2002年7月黄河首次调水调沙试验前,黄河下游主槽最小过洪流量只有1 800 m³/s,第三次调水调沙试验后主槽最小过洪流量已提高到3 000 m³/s,显著扩大了黄河下游主槽过洪能力,充分证明了调水调沙是恢复和维持主槽过洪能力的有效手段。通过持续不断的调水调沙,形成"和谐"的流量、含沙量和泥沙颗粒级配的水沙过程,在河道整治工程控制下,可以逐步塑造并稳定4 000~5 000 m³/s的主槽,减少对黄河堤防安全威胁十分严重的"横河"和"斜河"形成机遇并减轻滩地淹没损失。

通过三次不同模式的调水调沙试验,取得了宝贵经验,已具备由试验阶段全面转入生产运用的条件。今后要把调水调沙作为维持黄河健康生命的一项战略措施,以小浪底、三门峡、陆浑、故县等现有水库为基础,不断完善水沙调控体系,针对不同的来水来沙条件、水库蓄水淤积及下游河道淤积情况,长期坚持不懈地实施水库调水调沙,减轻水库及下游河道淤积,塑造并维持黄河下游中水河槽,以逐步实现维持黄河健康生命的终极目标。

按照《规划》中调水调沙方案,小浪底水利枢纽自2002年以来,每年联合三门峡、万家寨、陆浑、故县等水库实施调水调沙,对黄河防洪减淤排沙发挥了积极作用,通过调水调沙每年向大海输沙量基本在0.5亿t以上,目前黄河下游河道普遍冲刷,尤其主槽连年冲刷,窄深稳定横断面正在形成,平滩流量由1 800 m³/s增大到4 200 m³/s以上,花园口断面达到7 200 m³/s以上。调水调沙水库群联合调度,减少了三门峡水库泥沙淤积,潼关高程持续下降,2021年汛后潼关高程降低至325.87 m,对上游减淤作用也十分显著。

(二)水沙调控体系建设规划

1.水沙调控体系建设的重要性

根据黄河防洪减淤的需要和防洪减淤体系的总体布局,在黄河干流河段规划修建古贤、碛口水库,在支流沁河上修建河口村水库,与现有干支流水库联合运用(见图3-4),作为上拦工程及水沙调控体系的重要组成部分。目前沁河河口村水库已修成,减轻了沁河下游的洪水威胁,并对黄河下游起到了错峰调节作用,提高调水调沙效果;适时建设干流古贤水库,拦沙、调水调沙,并为小北干流放淤创造条件,进一步减缓黄河下游河道的淤积。

2. 河口村水库建设

黄河的支流沁河,沙较少,非汛期基本上是清水,泥沙主要集中在汛期。规划的河口村水库位于沁河最后一段峡谷出口五龙口以上约 9 km 处,属河南省济源市。控制流域面积 9 223 km²,占沁河流域面积的 68.2%,占黄河小花间流域面积的 25.7%。

2011 年 3 月,沁河河口村水库工程可行性研究报告获国家发改委批复,2017 年 10 月,通过河南省水利厅组织的竣工验收,工程质量优良,2018 年 12 月,获得 2017~2018 年度中国水利工程优质(大禹)奖。河口村水库正常蓄水位 283 m,校核洪水位 286.97 m,总库容 3.47 亿 m³,长期有效防洪库容 2.39 亿 m³,电站装机容量 2 万 kW。其任务是以防洪为主,兼顾供水、灌溉、发电、改善生态,是黄河下游防洪工程体系的主要组成部分,并为黄河干流调水调沙创造条件。

河口村水库与三门峡、小浪底、陆浑、故县等水库联合运用,当预报花园口站洪峰流量大于 12 000 m³/s 时,河口村水库蓄洪错峰,可减少黄河下游 10 000 m³/s 以上的洪量 0.5 亿~2.3 亿 m³,削减花园口站洪峰流量 1 000 m³/s 左右,进一步减轻黄河下游的防洪压力。河口村水库使沁河下游设防流量的重现期由 25 年提高到 100 年,大大减轻了沁河下游的洪水威胁。同时,沁河来水含沙量较低,利用河口村水库蓄水与小浪底等水库联合调水调沙运用,实现小浪底水库下泄水流和伊洛河、沁河来水在花园口"对接",减少黄河下游河道淤积。

3. 古贤水利枢纽建设规划

从水库拦沙,调水调沙,为小北干流放淤塑造有利水沙过程看,急需兴建古贤水利枢纽。调水调沙的主要目的是实现黄河下游主槽全线冲刷,进一步恢复下游河道主槽的过流能力;调整黄河下游两处卡口段的河槽形态,增大过洪能力;调整小浪底库区的淤积形态;进一步探索研究黄河水库、河道水沙的运动规律。这些目标的实现仅靠小浪底水库单库运行是无法实现的,只有借助水库群的整体合力,才能实现,从而充分证明了尽快建立完善的水沙调控体系的重要性。调水调沙发现,虽然三门峡水库、万家寨水库参与了联合调度,但也明显暴露出这两座水库的缺陷:一是两座水库的库容偏小,蓄水量十分有限,作为小浪底水库人工异重流持续稳定的后续动力明显不足,若有更大的后续动力,就会有更多的泥沙从小浪底库区排出,输沙入海;二是万家寨水库距三门峡水库太远(相距近 1 000 km),联合精确调度难度较大。这说明仅靠万家寨水库、三门峡水库还难以满足为水库联合调水调沙增加后续动力的要求。因此,若能在三门峡水库以上较近的北干流下段尽快修建具有较大调节库容的古贤水库(在三门峡水库上游 320 km),与三门峡、小浪底等水库联合运用,由古贤水库提供充足的水量及后续动力,则能更好地发挥水库群的调水调沙作用。

规划的古贤水库位于黄河北干流河段下段,上距碛口坝址 235.4 km,下距壶口瀑布 10.1 km,左岸为山西省吉县,右岸为陕西省宜川县,控制流域面积 49 万 km²。坝址处多年平均天然年径流量为 381.37 亿 m³,设计入库年平均径流量为 226.31 亿 m³。设计水平年古贤坝址的年平均输沙量为 9.38 亿 t。

可行性研究资料显示,古贤水利枢纽正常蓄水位 640 m,校核洪水位 640.44 m,总库容 153 亿 m³,拦沙库容 104.5 亿 m³,长期有效库容 48.5 亿 m³,防洪库容 35 亿 m³,电站装机容量 256 万 kW。该枢纽的开发任务以防洪减淤为主,综合利用水资源。

古贤水库可与已建水库联合调水调沙运用,实现1+1>2的减淤效果,充分发挥整个水沙调控体系的减淤作用。与小北干流放淤结合,可塑造有利于小北干流放淤的水沙条件,充分发挥小北干流放淤作用。

古贤水库对三门峡和小北干流河段具有直接的防洪作用。可将潼关断面100年一遇、1 000年一遇和10 000年一遇的洪峰流量分别由现状的27 820 m^3/s、39 040 m^3/s和50 150 m^3/s削减为10 620 m^3/s、11 570 m^3/s和12 430 m^3/s,从而减少三门峡水库的滞洪量,减少对渭河顶托倒灌的影响,减轻三门峡库区常遇洪水的淹没损失。

4.碛口水利枢纽建设规划

碛口水利枢纽位于黄河北干流中部,上距河口镇和天桥水电站分别为422 km和222 km,下距军渡黄河公路桥和禹门口分别为30 km和310 km。坝址控制流域面积431 090 km^2,占黄河全流域面积的57.3%。碛口坝址位于坝段上游的索达干村,河谷为U形谷。碛口水利枢纽的开发任务为以防洪减淤为主,兼顾发电、供水等综合利用。

碛口水库滞洪运用可以削减龙门至潼关河段洪峰流量,有利于减轻洪灾损失,减轻黄河洪水顶托倒灌渭河造成的不利影响,可降低三门峡水库蓄洪水位,对降低潼关高程具有一定的作用。碛口水利枢纽可控制黄河39.5%的泥沙,其中控制粗沙量($d>0.05$ mm)占全河粗沙量的56.8%,通过水库拦沙和其他骨干工程联合调水调沙,对于协调黄河水沙关系、减少下游河道淤积、恢复中水河槽行洪排沙功能、维持黄河健康生命具有重要的作用。

三、小北干流放淤规划意见

(一)小北干流放淤的战略地位及放淤目标

黄河防洪的严峻性在于大量的泥沙淤积在下游河道,使下游河道成为举世闻名的"地上悬河",而且仍在继续淤积抬高。1950~1998年下游河道共淤积泥沙92亿t,与20世纪50年代相比,河床普遍抬高了2~4 m,高出背河地面4~6 m,局部河段高出10 m以上。小浪底水库是黄河防洪减淤体系的重大战略工程,而小浪底水库的拦沙减淤寿命极其有限,15~20年内拦沙库容就将淤满,下游河道很快又将陷入大幅度淤积抬高的被动局面,下游堤防现已非常高仰,继续加高堤防终非上策,也不允许一直加高下去。因此,泥沙是黄河难治的症结所在,除控制洪水外,更重要的是,如何妥善处理和利用泥沙,这是项长期而艰巨的任务。

总结多年来的治黄实践经验,处理和利用泥沙的基本思路是"拦、排、放、调、挖",综合治理。"放"主要是在中下游两岸利用有利地势引洪放淤处理和利用一部分泥沙。小北干流(禹门口至潼关河段)两岸滩区面积广大、经济社会发展相对落后,是实施大规模放淤堆沙的理想场地。小北干流正处于晋陕峡谷的出口至潼关之间,来沙颗粒相对较粗,地理位置极其优越,实施放淤不仅可以减缓下游河道淤积,还可以减轻小浪底水库、三门峡水库淤积,延长水库寿命。根据分析,若采取有坝放淤措施,335 m高程以上滩地可放淤粗泥沙100亿t左右,相当于小浪底水库的拦沙量,对减缓黄河下游河道淤积抬高、延长小浪底水库拦沙寿命、降低潼关高程十分有利,是处理泥沙的一项重大战略措施。

粒径大于0.05 mm的粗颗粒泥沙是黄河下游河道淤积物的主体。调水调沙表明,通过塑造人工异重流,可以将细颗粒泥沙排出水库并入海,粗颗粒泥沙容易淤积在下游河床。因此,小北干流放淤的目标是"淤粗排细",尽可能多地放淤 0.05 mm 以上的粗颗粒泥沙。

(二)小北干流放淤规划意见

黄河小北干流河道长度 132.5 km,目前两岸滩区面积 600 多 km²,耕地 60 多万亩,沼泽、沙荒地约 30 万亩,居住人口约 8 万人,经济社会发展相对落后。因此,应抓住小北干流滩区堆沙容积大和经济社会发展相对落后的有利时机,不失时机地开展小北干流放淤。按照全面规划、近远结合、分期实施的原则,实施小北干流放淤。考虑到黄河处理泥沙的紧迫性和长期性,规划近期在小北干流河道两岸修建放淤闸、围格堤、退水闸等工程,实施无坝自流引洪放淤,尽快发挥放淤效益,同时为将来实施有坝大放淤方案积累经验,探讨解决有坝大放淤的重要技术问题。小北干流适宜无坝放淤的滩地面积 200 多 km²,放淤量约 10 亿 t。

规划继续开展放淤试验,加大放淤试验力度,不断总结经验,逐步推广,按照淤粗排细、尽量多淤粗沙的目标,近期完成无坝自流放淤。远期规划在禹门口河段修建水利枢纽壅高水位,两岸各修建一条输沙干渠,自上而下逐步修建放淤闸、围格堤、退水闸等工程,实施有坝放淤。

※黄河小知识

"三门天险"中的"三门"是指哪三门?

三门峡是黄河进入华北大平原之前最后一段峡谷中最险要的一座山峡。这里地势险峻,水流湍急,两岸石壁陡峭,河中两座石岛把急流分为三股。人们把这三股水路分别叫作"人门""神门""鬼门","三门峡"的名称由此而来。"鬼门""神门"中水势险恶,似乎只有鬼神才能通过。"人门"水势稍缓,但也是水深流急,舟船难行。

1957 年动工兴建的黄河干流上第一座大型水利工程——三门峡水利枢纽,使"三门天险"成为历史,取而代之的是一条横亘峡谷的拦河大坝。

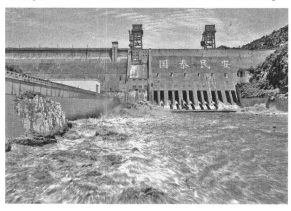

第四章

黄河下游河床演变

第一节 河床演变基本原理及分析

在河道挟沙水流与河床边界相互作用下,河床在垂直和水平方向上的变形为河床演变。水流与河床二者相互制约,相互依存,通过水流中泥沙的冲淤使河床变化。河床变形的过程是组成河床的泥沙与水流中运动的泥沙交换的过程。

一、河床演变分类

河床演变是指河道在自然条件下或受人工干扰时所发生的空间位移和随时间的变化。不同类型的河段,或同一类型河段的不同时期,河床演变的现象往往不尽相同。为了研究方便,冲积河流的河床演变形式按其特征分类如下:

(1)按河床演变空间特征分为纵向变形和横向变形。

纵向变形是指河床沿水流流程在纵深方向发生的冲淤变化,表现为河床因冲刷而降低,或因淤积而升高。横向变形是指河床在垂直水流方向的横断面所发生的冲淤变化。当河床发生横向变形时,其平面形态也必然发生变化。如,河道弯道的一岸冲刷另一岸淤积属于横向变形,一河段上游淤积或下游冲刷为纵向变形。

(2)按河床演变的时间特征分为单向变形和复归性变形。

单向变形是指河床长期只是单一地朝某一方向发展的演变现象。即河床在此期间,只有冲刷变形,或只有淤积变形,不存在冲刷变形与淤积变形交替发生的现象。如黄河下游河段之所以成为"地上悬河",就是在小浪底水库运行之前,长期朝着单一的淤积变形方向发展的结果。但是,单向变形是就平均情况而言的,即使在持续淤积或冲刷的演变过程中,也会出现冲刷(淤积)现象。因此,严格的单向变形是不存在的。复归性变形则是指在一定时期内,河床处于淤积或冲刷变形发展状态,而后一定时期内又处于冲刷或淤积变形发展状态,此演变现象河床发生冲刷、淤积周期性交替变化、往复发展。

(3)按河床演变的影响范围分为长河段变形和短河段变形。

长河段变形是指河床在较长距离内的普遍冲刷或淤积现象。短河段变形是指在较短距离内局部河床的冲淤变化。同时,在各种局部水流条件的影响下,还会出现各种形式的局部变形。如河道建桥后,桥墩附近冲淤变化为局部变形;1960年黄河三门峡水库蓄水运行以后,黄河下游普遍发生冲刷,为长河段变形。

上述各种变形往往错综复杂地交织在一起,再加上各种局部变形,构成了复杂多变的河床演变现象。

二、河床演变的根本原因

尽管河床演变的具体原因可能千差万别,但根本原因总是归结为输沙的不平衡。当上游的来沙量大于本河段水流的挟沙能力时,水流不能将全部泥沙带走,河床就会产生淤积,使河床升高;当上游的来沙量小于本河段水流的挟沙能力时,水流就要从河床获取一定的泥沙,从而产生冲刷,使河床下降。因此,河床的纵向变形、横向变形及局部变形分别

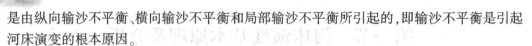

是由纵向输沙不平衡、横向输沙不平衡和局部输沙不平衡所引起的,即输沙不平衡是引起河床演变的根本原因。

对于河道演变来说,由输沙不平衡所引起的河床变形是绝对的,而输沙平衡使河床处于不变化是相对的、暂时的。

三、水流与河床的自动调整作用

河流来沙与输沙不平衡引起的河床变形过程,实质上也是水流与河床相互作用并朝着恢复输沙平衡方向发展,即朝着使变形停止方向发展的过程。当上游的含沙量大于本河段水流的挟沙力时,本河段河床产生淤积,上游与本河段间的河床比降减小,流速降低,上游来的含沙量减小;而本河段和下游河段之间比降增大,水流流速增加,使水流的挟沙能力增大,含沙量和水流的挟沙能力逐渐趋于平衡,从而使河床的淤积变形逐渐趋于停止。反之,当上游的含沙量小于本河段的水流挟沙能力时,情况则与上述相反。这种在本河段水流的挟沙能力与上游来的含沙量相适应过程中,河道恢复输沙平衡,使河床变形朝着停止方向发展,这种作用过程被称为河床和水流的"自动调整作用"。它不仅反映了河流受到干扰后的敏感反应,而且反映了河流的应变能力。

四、影响河床演变的主要因素

影响河床演变的因素极其复杂,主要因素有如下几点:

(1)河段进口的来水来沙条件,包括来水量、来水过程、来沙量、来沙过程及来沙组成。

(2)河段的地质地貌情况,包括河道形态、河道比降、河床泥沙组成等。

(3)河段出口的条件,即河段出口的水位流量关系。

(4)人类活动,即人类在河道上修建工程等。

影响河床演变各因素之间的内在联系异常复杂,由它们决定的河床演变过程也随之复杂多变。因此,不同的河流,同一河流的不同河段、不同时期的河床演变过程也各具特色、各不相同。

人类的活动对河流系统的影响日益显著,对河床演变的影响也日趋严重。如为了防洪、发电、引水、灌溉、航运等目的,在河道上修建大型水利枢纽工程、引水工程等建筑物,对流经城区的自然河道采取渠化办法,将蜿蜒曲折的天然河流改造成直线或折线形的人工河,把自然河流的复杂形状变成梯形、矩形及弧形等规则几何断面,将河流边坡甚至河床采用混凝土、砌石等材料硬化。人类的活动改变了天然的来水来沙条件和河床边界条件,致使河道渠化,河道河床演变受控于工程的运用方式,给河流生态带来了严重影响。在人类活动中,坚持人与河流和谐相处,处理好人类活动与水利水害的关系,合理地趋利避害,正确对待洪水、干旱等自然灾害,降低水污染等人为灾害,在将水对人类造成危害的程度降低到可以承受的同时,尽可能降低人类活动对水体循环的干扰,让河流造福人类同时也造福整个自然界。

五、河床演变分析方法

(一)基本方法

分析河床演变常采用的基本方法如下:

(1)资料分析法。利用天然河道的实测资料对河道的演变过程进行分析预测。

(2)数学模型法。运用泥沙运动的基本理论和河床演变的基本原理,对河床变形进行理论计算。

(3)模型试验法。根据河道水流相似原理,按一定比尺制作河道模型,模拟实际河道演变过程。

(4)类比分析法。利用条件相似河段的实测资料进行类比分析,取得本河段的演变规律。

以上方法可以单独运用,也可以联合使用,相互对比印证,使得到的分析结果更为可靠。重要工程或重要河段一般采用多种方法进行分析研究。实测资料分析方法是河床演变分析最基本、常采用的方法,因为实测资料来源于天然河道,是客观实际的真实反映,是河床演变分析的物质基础。随着计算机的发展、信息化的提升,实测资料分析法既能定性分析又能定量计算,只要能采集到足够有代表性、真实的水沙资料,其分析结果能比较正确、可靠地反映河床演变的客观规律,下面对该方法进行具体介绍。

(二)实测资料分析法

1.实测资料分析的准备工作

首先收集和熟悉该河段所有资料,包括河道地形图、河势图、河道水文泥沙资料、河道航拍或遥感卫星照片、河防历史典籍等。同时,对河段进行现场查勘,通过当地的水利部门、当地居民了解河道的历史、现状、发展趋势、影响因素等,获得可靠的资料。

2.资料分析

河床演变是水流与河床以泥沙为纽带相互作用的结果。在分析河床演变时,要紧紧抓住影响河床演变的主要因素,去粗取精,去伪存真,对有关的资料进行审查,然后对资料、图纸进行由此及彼、由表及里的整理,找出其内在的规律和本质。采用套绘法,用相同的比例尺和控制点,将历年的河道地形图、河势图等分别进行套绘,从中找出河道变迁、河势变化的趋势。下面举例应用套绘法进行河床演变分析。

1)平面变化分析

例1 黄河山东某河段主流线平面变化情况如图 4-1 所示。主流线是河流沿程各横断面中最大垂线平均流速所在点的连线,反映了水流最大动量所在的位置,主流线的位置,随流量的变化而异。由图 4-1 可以看出,在历经将近 20 年的河道演变过程中,主流线由靠近邓庄演变移至辛庄和东孙密城附近,从中可以分析得出河势总的变化趋势。

2)纵向、横向断面变化分析

除套绘平面图外,还可套绘纵断面图、横断面图,分析河道断面形态及纵向、横向冲淤变化。也可以由河段横剖面图进行横向冲淤幅度和冲淤量的估算。

例2 图 4-2 为小浪底水库 1999 年、2020 年及 2021 年纵、横断面套绘图。可以看出小浪底水库泥沙逐年淤积,且主要淤积在坝前,纵向呈锥体淤积,横断面上以平行淤积为

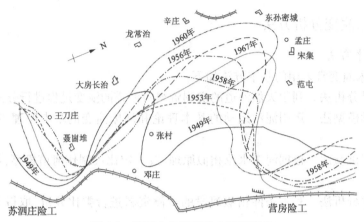

图 4-1　黄河山东某河段主流线变化

主。小浪底水库运行后发挥了很大的拦沙作用。

　　例3　图 4-3 为黄河头道拐站 1987 年、2011 年和 2012 年横断面套绘图。可以看出左岸淤积、右岸冲刷,1987~2011 年冲淤幅度很大,2011~2012 年冲淤趋于平衡,深泓点及主流向右岸偏移摆动。

　　河道的纵向冲淤变化可通过绘制河段历年实测深泓线(或河底高程)图加以分析比较获得。深泓线是河流沿程各横断面中最大水深处的连线。

　　例4　图 4-4 为长江某河段深泓线纵剖面图,由深泓线随时间的沿程变化情况分析可以看出,此河段近 20 年整体发生普遍冲刷,1959~1965 年冲刷最强,1970 年以前 4 断面冲刷幅度最大,1971 年随着河床自动调整作用及水沙变化,该断面由原来冲刷变为淤积。

　　3)等流量过程线分析

　　还可根据历年实测的水位、流量资料,绘制同流量下的水位过程线,来判断历年的河床冲淤变化和发展趋势。等流量过程线做法是选择一个或几个代表性流量(丰、中、枯),按年份将各年相同流量下的水位分别平均,便可点绘等流量的水位过程线。

　　例5　图 4-5 为黄河支流某水文站相等枯水流量的水位过程线,从图可以清晰地看出历年的河床冲淤变化。一般地说,枯水期河床是较为稳定的,但在等流量时,水位发生变化,则表明河床一定发生冲淤变化。如水位逐年上升,则表明河床逐年淤高;如果水位逐年下降,则表明河床逐年刷深。

　　4)水沙变化及河床冲淤变化分析

　　如果河段沿程有实测输沙率(含沙量)资料或断面实测资料,可采用输沙法(根据输沙平衡原理)或断面法来计算河段的沿程冲淤量。

　　来水来沙条件是河床演变的主要影响因素,因此可以根据多年平均流量和多年平均输沙率,分析年份所属的类型。如果是大水小沙年,则利于河道的冲刷;中水中沙年,河道冲淤平衡;小水大沙年,则造成河道的淤积。

　　例6　图 4-6 为长江中游某河段来水来沙分析图。根据来水来沙条件,可以分析确定河床冲淤变化。

　　河床地质条件也是影响河床演变的重要因素,并且由于地质构造的复杂性,河床演变

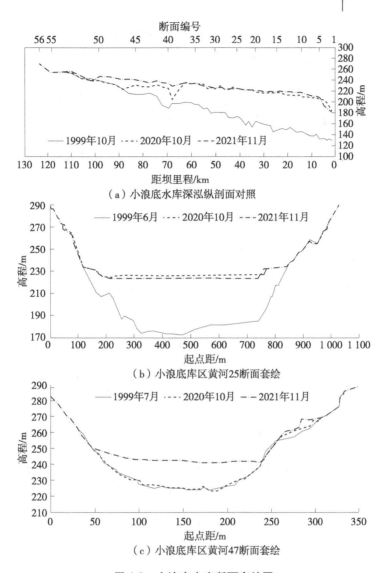

（a）小浪底水库深泓纵剖面对照

（b）小浪底库区黄河25断面套绘

（c）小浪底库区黄河47断面套绘

图 4-2 小浪底水库断面套绘图

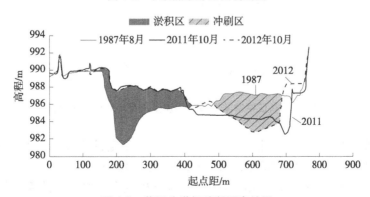

图 4-3 黄河头道拐站断面套绘图

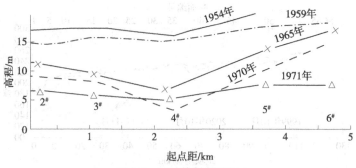

图 4-4　深泓线纵剖面图

图 4-5　等流量水位过程线

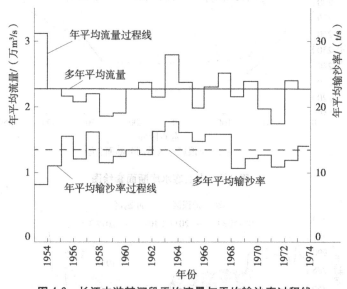

图 4-6　长江中游某河段平均流量与平均输沙率过程线

的过程更具多变性。当河床由松散沙质组成时,较不稳定,演变发展较为剧烈;当河床由较难冲刷的土质组成时,较为稳定,演变的过程则较为缓慢。

　　各方面的分析应相互联系、相互补充,综合分析找出河段河床的演变规律及影响因素,推测出准确的河道演变趋势,提出切实可行的河道治理措施。

※黄河小知识

黄河干流上最早设立的2座现代水文站位于哪里?何时设立的?

西方现代勘测技术最早在黄河上使用是在清光绪年间,当时黄河上已采用公制海拔计来观测水位的涨落,自兰州以下多处设立水志桩测报水情,黄河下游传递水情的手段也由快马改进为电话。1919年设立的河南陕县水文站(三门峡水库建成后被潼关水文站代替)和山东泺口水文站是黄河干流最早的现代水文站,由当时的顺直水利委员会设立和领导。

第二节　平原河流河床演变特点

冲积平原河流,由于形成条件不同,其水流泥沙运动、平面形态及河床演变都具有各自的特点。按照平面形态和运动特性分为四种河型:弯曲型、分汊型、游荡型和顺直型。顺直型河段是最简单的河型,且往往与其他河型的河段连在一起,并受其影响,故在此不作专门介绍。

一、弯曲型河段

弯曲型河段是冲积平原河流中常见的一种河型。由于河岸的抗冲能力较强,且具有可冲性河段,所以河道蜿蜒曲折。在国外,美国的密西西比河下游以典型的弯曲型河段著称于世;我国长江中游荆江河段也素有"九曲回肠"之称,是典型的弯曲型河段,如图4-7所示。

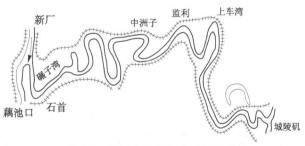

图4-7　长江中游荆江弯曲型河段

(一)弯曲型河段河道特性

1.平面形态

弯曲型河段是由一系列具有一定曲率且正反相间的弯道和较顺直的过渡段衔接而成的。可用河湾半径 R、河湾中心角 θ、河湾摆幅 T_m 等来描述其平面特征,如图4-8所示。

弯曲型河段河岸有凹岸、凸岸之分,在弯道平面图上,靠近圆心一岸为凸岸,远离圆心一岸为凹岸。

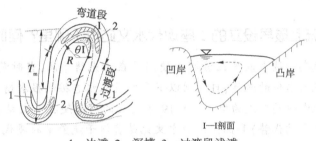

1—边滩;2—深槽;3—过渡段浅滩。

图 4-8　弯曲型河段平面图及弯道横断面图

弯曲型河段以上下两个过渡段中点为标准,沿河槽的曲线长度与两点间的直线长度之比称为河湾的曲折系数。曲折系数越大,其弯曲越甚。

2.弯曲型河段横断面形态

弯道段河床横剖面呈不对称的三角形,凹岸水深坡陡,凸岸水浅坡缓;过渡段横断面呈不对称的抛物线型或梯形。

3.弯曲型河段纵剖面

河段纵剖面沿程深槽(河湾段)与浅滩(过渡段)的深泓高程一般不相间,具有波浪起伏的形态特征。

(二)弯曲型河段的水沙特性

1.弯道横向环流

弯道横向环流是由于弯道水流受重力和离心力作用,所形成的表层水流流向凹岸,底层水流流向凸岸的封闭水流,这种封闭水流与纵向水流结合在一起,形成一种螺旋前进的水流,称为弯道横向环流。

河道水流沿弯道做曲线运动时,产生离心力,由于水流流速垂线分布是表层流速大,底层流速小。因此,水流表层受到的离心力大,涌向凹岸使水位升高,水面形成横向坡降。根据水流连续性,表层水流涌向凹岸,底层水流被折向凸岸,便产生了弯道横向环流。弯道水流水面最大横向坡降一般出现在弯道顶点附近,向上下游方向逐渐减小。弯道横向环流最大强度在弯道顶点和弯道后半部,向上下游方向逐渐减弱。

2.弯道水流动力轴线

在河流中,沿水流流程各横剖面上最大垂线平均流速的连线,称为水流动力轴线或主流线。绘制河势图时,往往根据河流汛期洪峰时主流多呈现浪花翻滚、水流湍急的状态,确定主流线。

弯道水流主流线一般在弯道进口段或者在弯道上游过渡段,常偏离凸岸,进入弯道后逐渐向凹岸偏移,至弯顶上游部位,才靠近凹岸,自顶冲点以下相当长的距离内,都贴近凹岸。另一个特点是低水傍岸,高水居中。枯水期主流线曲率最大,靠近凹岸,洪水期主流线曲率最小,偏离凹岸。与此相应,水流对凹岸的顶冲点位置是随水流流量大小而改变的,形成低水上堤,高水下挫,即洪水时顶冲点位置在弯顶以下,枯水时一般在弯顶附近或弯顶以上。

3.弯道泥沙特点

弯道河段泥沙运动与螺旋流关系密切。在横向环流的作用下,表层水流含沙量小,不断流向凹岸,冲刷凹岸,并折向河底,挟带大量泥沙流向凸岸发生淤积,形成横向输沙不平衡。加上纵向水流对凹岸的顶冲作用,使凹岸刷坍,坍塌下的泥沙被底流带向凸岸淤积,其结果形成凹岸刷坍后退,凸岸边滩不断淤积延伸。由于水流中泥沙沿垂线分布上细下粗,所以水流挟带运往凸岸的泥沙多为粗沙。

(三) 弯曲型河段的河床演变特点

在自然情况下,弯曲型河段的河床演变是十分复杂的。归根到底最本质的问题是在环流作用下横向输沙不平衡所致。

(1)凹岸坍退与凸岸淤长。弯曲型河道在横向环流作用下,凹岸不断刷坍后退,凸岸不断淤积延伸。

(2)弯曲发展和河线蠕动。由于凹岸坍退与凸岸淤长,弯道曲率不断增大,并且弯道平面形态会产生扭曲。随着弯道顶冲点位置不断下移,整个弯道向下游缓慢蠕动。

(3)裁弯取直与弯道消长。当弯道急剧发展形成曲率较大的锐弯或狭颈时,如遇大洪水漫滩就可能将其冲开,发生自然裁弯现象。裁弯后,老河的淤积发展过程相当快。初期由于流量减小,流速减缓,水流挟沙能力迅速减低,老河沿程普遍淤积,但弯道仍然洪冲枯淤。当分流比小于0.5时,即转化为单向淤积过程。末期,老河由于上下口门泥沙淤积而断流,形成牛轭湖,最终趋于消亡。

裁弯后初期,新河由于比降大,且引入的是表层水流,沙少而细,故水流挟沙能力很大,很快被冲深拓宽,发展迅速;随着新河的发展,比降被逐渐调平,则断面不断扩大并且形成不对称三角形,同时向凹岸单侧展宽,凸岸出现淤积现象,新河逐渐形成弯道。裁弯后,老河道淤废,可能形成牛轭湖;新河发展成为主河道,又会向弯曲方向发展,这种发展和消亡的演变过程是弯曲型河段普遍存在的。

弯曲型河段,由于深槽和浅滩相对稳定,对取水和航运均为有利。但是这种类型河道坍岸强度大,危及堤防、农田、村镇的安全;弯道泄流不畅,加重洪害;弯道发展曲率过大,有碍于航运发展。因此,为了满足国民经济各部门的需要,对弯曲型河段要进行合理整治。

二、分汊型河段

分汊型河段一般位于河流中下游比较宽阔的河谷中,通常沿岸组成物质不均匀,且在河段的上游往往有比较稳定的河道边界或由节点控制,并且流量变幅不大、含沙量不大。这种河型在我国黑龙江流域的松花江,珠江流域的北江、东江和长江中下游都广泛分布。

(一) 分汊型河段的平面形态

分汊型河段平面形态有三类:顺直型分汊(各股汊道都较顺直)、微弯型分汊(至少有一个汊道弯曲系数较大)和鹅头型分汊(平面上呈鹅头状),如图4-9所示。

分汊型河段的中水河槽呈宽窄相间的藕节状,宽段常有一个或多个江心洲将水流分成多汊;窄段为单一河槽。在分流区和汇流区常有环流存在,且断面多呈中间部位凸起的

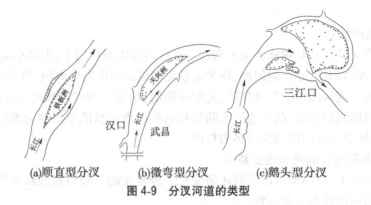

(a)顺直型分汊　　　(b)微弯型分汊　　　(c)鹅头型分汊

图 4-9　分汊河道的类型

马鞍形;分汊段则为江心洲分隔的复式断面。

(二)分汊型河段的演变特点

1.洲滩的移动与分合

在水流的作用下,江心洲洲头由于水流的顶冲和分流区环流的作用,不断刷坍后退,洲尾在螺旋流作用下不断地淤积延伸,使整个江心洲不断缓慢向下游移动。在移动过程中,往往通过几个江心洲的合并体积不断扩大;遇大水时,洪水上滩冲此淤彼发生横向摆动,大的江心洲也可能被水流冲开分成几个较小的江心洲。

2.河岸坍退与弯曲

由于江心洲不断地冲淤变化,河床两岸相应地将产生坍退和淤长,随着两岸冲淤变化,河岸线不断地向弯曲发展。

3.汊道兴衰与交替

汊道的形成将引起分水、分沙状态的变化,各股汊道将产生往复循环的兴衰交替现象,一股汊道的发展往往伴随另一股汊道的衰退。

图 4-10 为长江中游陆溪口分汊河段 1861~1960 年河床演变,其变化过程正是分汊型河段洲滩的移动分合、河岸坍退弯曲、汊道兴衰交替三个演变特点的典型表现。

分汊型河段汊道的兴衰与交替周期长的达百年,短的十几年,河道处于不断变化中,对国民经济各部门会造成一系列的不利影响,给取水、防洪、航运带来危害。因此,采取有效措施改善、整治分汊型河段,是一项十分重要的任务。

三、游荡型河段

游荡型河段也是平原河流一种常见的河型,多分布在我国华北及西北地区河流的中下游。如黄河下游孟津至高村河段、黄河支流渭河、永定河下游卢沟桥至梁各庄河段等。

(一)游荡型河段河道特性

游荡型河段平面形态是,河床较为顺直,在较长的范围内河床常呈宽窄交替。其中宽段河床宽浅,沙滩密布,汊道交织,无稳定深槽,水流散乱,水势湍急,河床变化无常,主流摆摆不定;窄段河床水流较为集中归顺,对下游河势变化有一定的控制作用,图 4-11 为游荡型河道的平面形态,可以明显地看出上述特征。

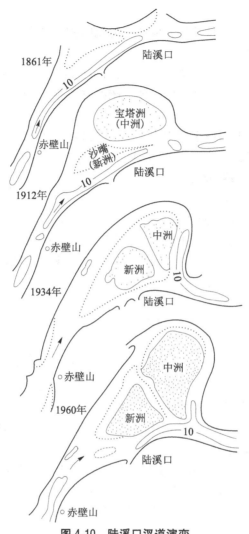

图 4-10　陆溪口汊道演变

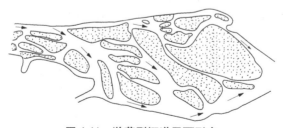

图 4-11　游荡型河道平面形态

　　游荡型河段弯曲程度不大。曲折系数一般略大于 1，如黄河高村以上河段曲折系数约为 1.05。横剖面一般都十分宽浅，滩槽高差一般很小，如黄河均在 1~2 m。河床坡降均比弯曲型河段大，如黄河游荡型河段为 1.5‰~4.0‰，而相同尺度弯曲型河段为 1.0‰以下。

（二）水沙特点

游荡型河段的水文泥沙特性与其他类型河流的主要区别是洪水暴涨暴落,年径流量相对较小,来沙量及含沙量却很大。

游荡型河段水流一个重要特点是,同流量下的含沙量变化大,流量与含沙量关系紊乱,这与来沙量变幅大,沿程粒径调整有关。床沙质含沙量变幅也大,调整迅速,但不及来水来沙变幅的急剧变化,同一流量的输沙量悬殊,下站含沙量与上站来沙量关系密切,出现多来多排现象。游荡型河段平均水深一般很浅,如花园口平均水深为 1~3 m,河床坡降大,流速大,弗劳德数远较一般河流大,河床组成泥沙细,河床很不稳定。

（三）游荡型河段的演变特点

1.游荡型河段纵剖面变化

在多年平均情况下,纵剖面变化与来水来沙条件有关。由于河床展宽,坡降变缓,流速降低,水流挟沙能力变小,河床不断淤高,河床呈单向淤积变形。汛期由于水流漫滩,出现槽冲滩淤的现象,而非汛期由于水流归槽走弯,又出现槽淤滩刷的现象,也就是说年内滩槽冲淤具有往复变化的规律。

2.游荡型河段平面变化

平面变化的主要特点是主流摇摆不定,河势变化剧烈。主流摆动不定的主要原因如下:

（1）河床堆积抬高,主流夺汊。在串沟汊道、沙滩罗列交错的河床中,主流流经的河床较低,由于泥沙淤积,河床与水位逐渐抬高,水流便向较低和较顺直的汊道分流,一场大水过后,主流便完全改流汊道,原主流河床淤塞堵死。

（2）洪水拉滩,主流易道。洪水时水流漫滩,水面坡降陡,流速增大,易切滩取直冲出一条汊道,逐渐展宽成为主河道。

（3）沙滩移动,主流变化。由于河床中沙滩密布,多由易冲细沙组成,在水流作用下极易被冲刷下移,尤其是新形成的边滩冲蚀切割变化迅速。因此,主流也随着发生变化。

（4）上游主流方向改变。上游主流由于各种原因引起方向变化,相应地影响下游主流流路的改变,形成主床摆动。

3.游荡型河段多为宽窄交替的河段构成

游荡型河段易冲易淤,河床演变复杂多变,给河床变形预测和控制带来了较大的难度,也是河道整治的问题所在。因此,必须进行彻底的治理。

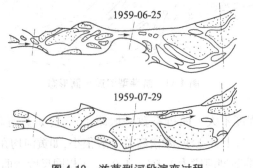

图 4-12 游荡型河段演变过程

※黄河小知识

什么叫"横河""斜河""滚河"？它们有哪些危害？

"横河""斜河"是指河流主流大体垂直于河道或与河道有较大的夹角,顶冲滩岸或直冲大堤的现象。这种现象多发生在黄河上的游荡型河段。主流冲击滩岸,会使坝岸被淘刷,或使滩岸急速坍塌,如抢护不及时,就可能发生决口。

"滚河"是指河流主槽在演变的过程中,发生大体平行于原主槽的位置迁移,即洪水期主流在两堤之间突然发生长距离摆动的现象。黄河下游河道在中小水时,主槽发生淤积,形成"槽高、滩低、堤根洼"的"二级悬河"。在这样的河床形态下,偶遇大水,水流直冲河堤,顺堤行洪,使主槽位置发生迁移,形成滚河。这种滚河对防洪威胁最大,需采取工程措施加以预防。

第三节　小浪底水利枢纽运用后下游水沙变化及河床演变

小浪底水库运用以后,其上游潼关、三门峡,下游从河南到山东,河道水沙特点、河床冲淤、河道形态及下游河段过流能力等发生了很大变化,下面进行具体分析。

一、黄河下游水沙变化

(一)水沙量分析

黄河下游存在水少沙多、水沙年内分配不均等特点。图 4-13 给出了 1950~2015 年进入黄河下游的水量及沙量(小浪底、黑石关与武陟三站之和)的逐年变化过程。据统计,1950~1985 年黄河下游的年来水量约为 464 亿 m³,其中汛期来水量占全年来水量的58%;年均来沙量约为 12.8 亿 t,其中汛期来沙量约占全年的 85%。1986~1999 年黄河下游经历了枯水少沙过程,进入黄河下游的年来水量减小到 277 亿 m³,其中汛期来水量占全年来水量的 46%;年均来沙量约为 7.4 亿 t,其中汛期来沙量占全年的 95%。小浪底水库运用后,受水库蓄水拦沙等因素影响,1999~2015 年黄河下游年来水量减小到 255 亿 m³,其中汛期来水量占全年来水量的 37%;年均来沙量约为 0.88 亿 t,其中汛期来沙量占全年的 96%。

由此可以看出,小浪底水库运用后,下游年来水量略有减小,水量年内分配发生改变,汛期来水量比重减小,见图 4-13(a);下游年来沙量大幅度减小,约为 1986~1999 年的12%,且泥沙主要集中在汛期输移,见图 4-13(b)。

(二)冲淤量变化

小浪底水库蓄水拦沙运用后,黄河下游河道沿程发生剧烈冲刷。据统计,1999~2015 年下游河道累计冲刷量达 18.7 亿 m³,见图 4-14。从冲刷沿程分布来看,游荡段(孟津—高村)冲刷量最大,累计达 13.4 亿 m³,约占下游总冲刷量的 72%;过渡段(高村—艾山)

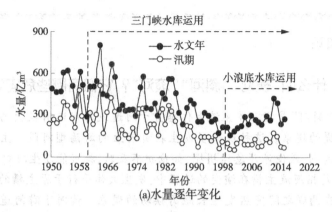

(a)水量逐年变化

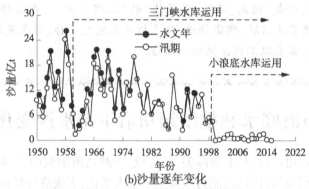

(b)沙量逐年变化

图 4-13　黄河下游水沙量逐年变化情况

及弯曲段(艾山—利津)冲刷量基本相当,分别为 2.7 亿 m³ 及 2.6 亿 m³。由此可见,黄河下游沿程冲刷表现为上段幅度大、中段与下段幅度较小的特点。

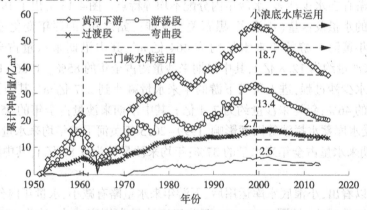

图 4-14　黄河下游及各河段的累计冲刷量变化

从汛期与非汛期总冲淤量来看,黄河下游河道汛期累计冲刷量(12.3 亿 m³)约为非汛期累计冲刷量(6.4 亿 m³)的 1.9 倍。游荡段汛期与非汛期冲刷量基本相当,分别为 6.5 亿 m³ 及 6.9 亿 m³;过渡段汛期冲刷量(2.4 亿 m³)远大于非汛期冲刷量(0.3 亿 m³);弯曲段汛期冲刷量达到 3.4 亿 m³,非汛期则表现为淤积,淤积量约为 0.8 亿 m³。虽然汛期来水量仅占全年的 37%,但冲刷量却占全年的 66%,主要原因是汛期洪峰流量大,具有较大的水流挟沙力。

小浪底水库发挥了很好的拦沙减淤作用,除了 2019 年、2020 年冲刷外,其他年份淤积,1997 年 10 月至 2020 年 10 月泥沙淤积 32.321 亿 m^3,占设计拦沙库容 75.5 亿 m^3 的 43%。下游河道普遍冲刷,2006~2020 年下游河道综合冲刷泥沙 12.52 亿 m^3,其中游荡型河段冲刷 7.99 亿 m^3,过渡段冲刷 2.48 亿 m^3,弯曲段冲刷 2.05 亿 m^3,游荡段冲刷最为明显,冲刷量占整个下游的 64%。

(三)泥沙粒径变化

随着黄河下游河道的持续冲刷,沿程各断面床沙发生了不同程度的粗化。统计分析黄河下游小浪底、花园口、夹河滩、高村、孙口、艾山、泺口、利津等水文断面(1986~2015 年)床沙中值粒径 D 的资料,结果表明:小浪底水库运用前(1986~1999 年),下游河段平均床沙中值粒径变化幅度不大,床沙中值粒径约为 0.06 mm;水库运用后(1999~2015 年)各断面床沙中值粒径都有所增大,整个下游的平均床沙中值粒径约为 0.15 mm,但各断面床沙粗化的程度不同。从沿程变化来看,床沙增加幅度沿程逐渐减小,花园口断面增加幅度远远大于其他断面,2015 年的中值粒径约为 1999 年的 3.8 倍,这说明该断面及以上河段冲刷最为剧烈;从年际变化来看,1999~2003 年各断面床沙中值粒径增加幅度最大,2003 年以后除花园口断面外,其他断面中值粒径增加幅度很小或者不变。由此可见,小浪底水库运用后的前 4 年下游河道床沙粗化最为显著。

二、黄河下游河道深泓摆动特点

(一)水库运用对深泓摆动影响分析

受水流条件、河床边界条件等因素的影响,黄河下游各断面深泓摆动宽度沿程差异较大。图 4-15 给出了水库运用前后下游沿程各断面多年平均的深泓摆动宽度。从图 4-15 可以看出,1986~1999 年,八堡断面多年平均深泓摆动宽度最大,达到 1 457 m;1999~2015 年,摆动宽度最大值发生在辛寨断面,达到 1 578 m。对比这两个时期各断面摆动宽度可以发现,67 个断面水库运用前深泓摆动宽度大于水库运用后,尤其是游荡型河段,其河段的八堡断面水库运用前深泓摆动宽度比运用后大 1 071 m。这说明受小浪底水库蓄水拦沙作用影响,坝下游河道游荡程度有所降低,河势向稳定方向发展。从沿程变化来看,无论是水库运用前还是运用后,上段深泓摆动宽度远大于中段和下段,一是因为游荡段河床宽浅散乱、汊道交织,滩岸易发生坍塌,且河床冲淤变化剧烈,使深泓线可能从一个支槽移动到另一个支槽;二是该河段缺少有效的河势控导工程。

(二)游荡型河段深泓摆动特点

在三门峡水库清水下泄阶段,水流归槽,主流带趋于稳定,游荡段深泓摆动宽度大大减小,游荡程度降低,个别河段向微弯方向发展。由图 4-16 可知,1989 年游荡段平均深泓摆动宽度最大,达到 412 m。1986~1999 年,河段平均的深泓摆动宽度经历了增大、减小、再增大、再减小的过程,且各年之间的波动较大,该时期游荡段多年平均的深泓摆动宽度约为 234 m。小浪底水库运用后,年均最大深泓摆动宽度发生在 1999 年,约为 342 m,这主要与水库运用初期水沙条件突变等因素有关。1999~2015 年河段平均深泓摆动宽度波

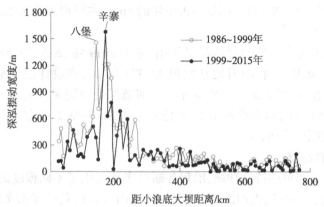

图 4-15　黄河下游各断面多年平均深泓摆动宽度

动较小,基本稳定在多年平均值 123 m 左右,相当于水库运用前的 53%。由此可见,水库运用后游荡段深泓摆动宽度大大减小,且各年间摆动宽度的波动明显小于水库运用前。

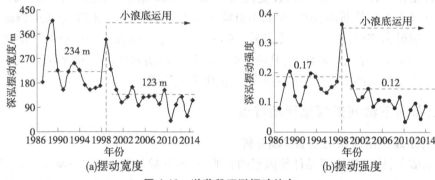

图 4-16　游荡段深泓摆动特点

(三) 过渡型、弯曲型河段深泓摆动特点

过渡段及弯曲段深泓摆动特点见图 4-17,1986~1999 年过渡段和弯曲段多年平均深泓摆动宽度为 70 m 和 39 m;1999~2015 年,这两个河段的深泓摆动宽度分别减小至 44 m 和 23 m。由此可知,小浪底水库运用前后过渡段多年平均深泓摆动宽度都大于弯曲段;两个河段水库运用后深泓摆动宽度都小于水库运用前,且过渡段减小的幅度更大。

这两个河段近 30 年来深泓摆动特点与游荡段类似,水库运用后摆动宽度和强度都有所减小。但这两个河段的摆动宽度和强度远小于游荡段,主要与过渡段和弯曲段的滩岸土体抗冲性较强及守护工程较多等因素有关。

三、黄河下游河段横断面形态变化

小浪底水库运用后,黄河下游在持续冲刷过程中断面形态发生了显著调整,尤其在游荡段。由图 4-18、图 4-19 黄河花园口、泺口这两个典型断面图的形态变化可以发现,位于游荡段的花园口断面形态调整既有横向展宽又有冲深下切,但冲深程度大于展宽程度。位于弯曲段的泺口断面形态调整以冲深下切为主,横向展宽并不明显。黄河下游断面形

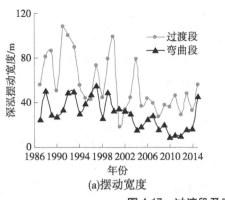
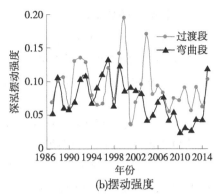

(a)摆动宽度 (b)摆动强度

图 4-17 过渡段及弯曲段深泓摆动特点

态调整总体向窄深方向发展,纵向冲深程度大于横向展宽。小浪底水库运用后下游各河段深泓摆动距离和摆动强度远远小于运用前,游荡段的深泓摆动强度随小浪底水库运用后水流冲刷强度的增大而减小。

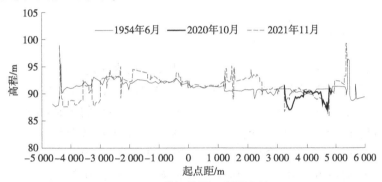

图 4-18 黄河花园口断面套绘

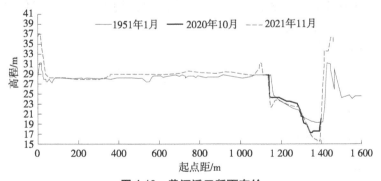

图 4-19 黄河泺口断面套绘

四、下游河段平滩流量变化

平滩流量通常指河道水位与滩唇相平时的流量,其相应的水流流速大、输沙能力高、造床作用强,因此平滩流量是反映水流造床能力和河道排洪输沙能力的重要指标。小浪

底水库运用后,河床的显著冲刷使下游河道主槽的过流能力得到恢复。

黄河下游游荡型河段平滩流量远大于过渡段、弯曲段,花园口断面平滩流量,从1999年的3 229 m³/s增加到2020年的8 000 m³/s,增大了1.48倍;过渡段和弯曲段平滩流量增幅基本相当,分别由1999年的2 339 m³/s、3 080 m³/s增加到2020年的4 864 m³/s、4 721 m³/s。

2002年以来黄河下游河道"卡口"河段的主槽平滩流量呈逐年增加的发展趋势,"卡口"河段的位置也逐渐向下游移动。2002年汛前"卡口"河段在高村水文站以上,主槽平滩流量不足1 900 m³/s,2007年"卡口"河段的位置下移到孙口水文站以下的彭楼—陶城铺河段,主槽平滩流量达到3 650~3 700 m³/s,增加近1倍。2008年调水调沙后主槽平滩流量进一步增大到3 810 m³/s,2010年下游主槽平滩流量增大到4 000 m³/s,2014~2018年下游主槽平滩流量增大到4 200 m³/s,"卡口"河段的位置仍在彭楼—陶城铺河段。2019年汛后,黄河下游河道平滩流量最小值为4 350 m³/s,"卡口"位于彭楼—艾山河段,2021年黄河下游河道最小平滩流量增大到4 700 m³/s,"卡口"河段的位置在入海处利津河段。

五、潼关高程变化

潼关高程历年变化过程见图4-20,可以看出小浪底水库运用后,不但影响下游河段,对上游潼关高程也产生了重大影响。三门峡水库建成后,水库蓄水拦沙,泥沙淤积上延,潼关高程抬高,从1960年9月的323.5 m,升到1969年汛后的328.65 m,后面随着三门峡水库的改建,潼关高程有所降低,但1985年后随着上游水沙变化潼关高程抬高明显,1999年汛后潼关高程抬高到328.3 m。2002年小浪底水库运用以后,通过小浪底水库调水调沙,三门峡水库库区整体表现为冲刷,2006年10月至2021年10月,三门峡水库库区冲刷4.133亿m³,随着三门峡水库库区的冲刷,潼关高程也持续降低,从2002年汛后的328.3 m降到2021年汛后的325.87 m。小浪底水库运用以后拦沙减淤作用表现明显,潼关高程淤积抬高呈下降趋势。

图4-20 潼关高程历年变化过程

※黄河小知识

什么是"潼关高程"? 为什么要控制"潼关高程"?

潼关高程指的是黄河中游潼关水文站 6 号断面在 1 000 m³/s 流量时的相应水位,是黄河最大支流渭河下游的侵蚀基准面。其数值越高,代表潼关河段淤积越严重,渭河入黄越不顺畅,发生洪灾的风险也越大。控制潼关高程有利于减轻渭河下游淤积,降低渭河洪水风险。

第五章

黄河下游河道整治

第一节　河道整治规划

黄河下游水面宽阔,水流散乱,主流摆动不定,沙滩密布,河势变化迅速。为了黄河防洪安全,需要进行河道整治。由于黄河水沙特性复杂,又没现成的整治经验可供借鉴,为此在不同阶段,根据时代发展、水沙特点,不断分析研究,总结实践,完善提升黄河下游整治方案及河道整治原则。

一、河道整治方案

(1)1960 年提出了在黄河下游治理中采取"纵向控制,束水攻沙"的治河方案,由于在平原河道修建多级枢纽,不符合平原多沙河流的特点,在方案的实施过程中,暴露出防洪安全的突出问题,已修建的枢纽被破除,纵向控制方案宣告结束。

(2)根据黄河主流摆动频繁、河势难以控制的特点,提出在两岸采取平顺防护整治方案,由于需建的工程长度接近河道长度的 2 倍,且仍存在"横河"顶冲、威胁堤防安全的情况,故没有采用。

(3)在河道整治前与整治初期,人们发现天然卡口、人工卡口具有限制河势摆动范围的作用,提出了卡口整治方案,但卡口仅能限制局部河段的摆动范围,缺乏控制水流流向和稳定河势的能力,卡口窄时,工程阻水对防洪不利,卡口密度大时将增加投资,根据黄河下游河床组成等情况,并经过对已有卡口对控制河势的作用分析,得出卡口整治方案不适合黄河下游的实际情况。

(4)麻花形整治方案,是按照河势演变规律提出来的,修建工程后可以控制河势,鉴于其需要修建的工程长而未被采用。

(5)微弯型整治方案,是按照水流运动特点和河势演变规律提出并经逐步总结整治经验而形成的。按照微弯型整治方案,1965～1974 年集中对过渡型河段进行整治,取得了基本控制河势的效果。20 世纪 60 年代后半期以后,在游荡型河段修建了大量的控导工程,初步控制了部分河段的河势。该方案可以控制黄河下游不同河段的河势,需要修建的河道整治工程短,投资省,在弯曲型河段、过渡型河段及游荡型河段均取得了控制河势的效果。

经综合研究,黄河下游河道整治采用了微弯型整治方案。总结已有的整治经验,在按规划进行治理时,两岸工程的合计长度达到河道长度的 90% 左右时,一般可以初步控制河势。黄河下游和上中游的河道整治实践已经表明,该方案符合黄河实际情况,是目前黄河河道整治优选的方案。

二、河道整治原则

河道整治原则是整治河道的准则,河道整治原则的制定受经济社会条件、河道自身特点、人们对河势演变规律的认识、国民经济各部门对河道整治的要求等因素的影响。中华人民共和国成立后曾多次制订整治规划,经过实践,不断总结经验教训,从 20 世纪 60 年代至今,河道整治的原则在不断地修改、补充、完善。下面介绍 21 世纪初黄河下游的整治原则。

21世纪初是黄河河道整治快速发展的时段,2000年后提出的黄河河道整治原则如下。

(1)全面规划,团结治河。河道整治涉及国民经济的多个部门,各部门在整体目标一致的前提下,又有各自不同的利益,有时甚至互相矛盾。如排洪要求的河槽宽度与滩地耕种之间;不同引水部门对取水口位置的要求;航运、桥梁建设与排洪之间;在争种滩地方面更为明显,两岸居民间有矛盾,上下游之间有矛盾,县际有矛盾,甚至相邻两个乡(镇)之间也有矛盾。因此,进行河道整治时,必须全面规划,综合考虑上下游、左右岸、国民经济各部门的利益,并发扬团结治河的精神,协调各部门之间的关系,使整治的综合效益最大。

(2)防洪为主,统筹兼顾。黄河下游历史上洪水灾害严重,为防止洪水泛滥,筑堤防洪成为长盛不衰的治黄方略。1949年大水使人们认识到即使在堤距很窄的河段单靠堤防也是不能保证防洪安全的,于是从1950年开始在下游进行河道整治。防洪安全是国民经济发展的总体要求,河道整治必须以防洪为主。黄河有丰富的水沙资源,两岸广大地区需要引水灌溉,补充工业、生活用水的不足,以提高两岸的农业产量,发展工业生产,同时引用黄河泥沙资源,淤高改良沿黄一带的盐碱地。希望通过整治河道,稳定流势,使引水可靠,使滩区高滩的耕地、村庄不再塌入河中,同时还能使一部分低滩淤成高滩,以利耕种。河势稳定后,还有利于发展航运,保证各类桥梁的安全。因此,在河道整治时,既需以防洪为主,又要统筹兼顾有关国民经济各部门的利益和要求。

(3)河槽滩地,综合治理。河槽是水流的主要通道,滩地面积广阔是行洪的前沿阵地,具有滞洪沉沙功能,它是河槽赖以存在的边界条件的一部分。在洪水期间,挟沙水流漫滩滞洪,泥沙淤积,滩地淤高,增大了滩槽差,利于防洪。河槽是整治的重点,是治滩的基础,治滩有利于稳定河槽,河槽和滩地互相依存,相辅相成,在一个河段进行整治时,必须对河槽和滩地进行综合治理。

(4)分析规律,确定流路。分析河势演变规律,确定河道整治流路,是搞好河道整治的一项非常重要的工作。有的河段(如山东东明县高村至阳谷县陶城铺河段),在河道整治之前,尽管主槽明显,但河势的变化速度及变化范围都是很大的,在整治中绝不能采用哪里坍塌哪里抢护的办法,必须选择合理的整治流路。在进行整治之前既要进行现场查勘,又要全面搜集各个河段的河势演变资料,分析研究河势演变的规律,概化出各河段河势变化的几条基本流路后,根据河道两岸的边界条件与已建河道整治工程的现状,以及国民经济各部门的要求,依照上游河势与本河段河势状况,预估河势发展趋势,在各个河段河势演变的基本流路中选择最有利的一条作为整治流路。

(5)中水整治,考虑洪枯。中水河道整治的重要性早在20世纪30年代治河专家就曾提出,中水整治能控制洪水流向,对枯水有一定的适应性,且中水期的造床作用最强,中水塑造出的河槽过洪能力很大,因此中水河道整治是关键。

枯水虽然造床作用弱,但长时间作用对中水河势有可能产生破坏作用,洪水强度大,虽然历时较短,但对河势的影响很大,因此河道整治以中水为主,兼顾洪枯。

(6)依照实践,确定方案。对河道进行中水整治时,必须预先确定河道整治方案。不同的河流、同一河流的不同河段有不同的整治方案。在确定整治方案时,既要借鉴其他河流的成功经验,又要考虑本河段的河情。黄河下游从 1950 年进行河道整治,至今已经 70 余年,在黄河的整治实践、完善过程中,优选出微弯型整治方案。

(7)以坝护弯,以弯导流。水行性曲,河道水流总是以曲直相间的形式向前运行的。弯道段河势的变化对直河段河势有很大的影响,直河段的河势变化也对其下游河道的河势产生影响,但弯道段的河势变化对一个河段河势变化的影响是主要的。弯道对上游较直河段的来流有较好的适应能力,上游不同方向的来流进入弯道后,弯道在调整水流过程中逐渐改变水流方向,使出弯水流平稳且方向稳定,水流经过弯道调整为单一流势后进入下一弯道。经过多个弯道后河势稳定,直河段就缺乏这些功能,所以在整治中采用以坝护弯、以弯导流控制、稳定河势。

(8)因势利导,优先旱工。在布设河道整治工程时,要尽量顺应河势,当河势演变至接近规划流路时,如当上游来流方向较为稳定、送流方向又符合要求时,就要充分利用河势,因势利导,适时修建整治工程,积极完善工程措施,发挥整体工程的导流能力,使河势向着规划方向发展。

河道整治工程施工,分为旱地施工(旱工)和水中施工(水中进占)两种。水中进占施工,由于水流冲淘,施工难度大,需要的料物多、投资大,因此在工程安排上应抓住有利时机,尽量采用旱工修建整治工程,施工期也尽可能安排在枯水期。当水深较浅、流速小于 0.5 m/s 时,仍可采用旱地施工方法进行。

(9)主动布点,积极完善。主动布点是指进行河道整治要采取主动行动,对于规划好的整治流路,要在河势变化而滩岸还未坍塌之前修建整治工程,利于工程靠溜后主动抢险。抢险加固的过程也就是控导河势的过程。为了主动布点,需要对长河段的河势演变规律及当地河势变化特点进行分析,当河势有上提趋势时,应提前修建上延工程迎流,以防水流抄工程后路或工程脱流;当河势有下挫趋势时,应抓紧修筑下延工程,以发挥导流和送流作用。只有这样才能抓住有利时机,使修建的工程位置适中,发挥迎流、导流、送流作用。

(10)分清主次,先急后缓。河道整治的战线长、工程量大,难以在短期内完成。因此,在实施的过程中,必须分清主次,先急后缓地修建。一个河段若对河势变化影响大、控导作用强、如果不修工程就会造成严重后果等,应作为重点,优先安排修建,以防发生河势变化摆动。

由于来水来沙随机性很大,河势变化又受水沙条件变化的影响,在河道整治实施的过程中,还需根据河势变化情况、投资力度等,及时对重点工程进行调整。除了主要重点的工程,在投资允许的条件下,也应按规划治导线逐步修建,完善整治工程,发挥控导河势的作用。

(11)因地制宜,就地取材。整治工程规模大、战线长、用料多,同时材料单价受运距的影响大,不同运距单价能相差 20 多倍。在选择建筑材料时,首先在满足工程安全的前提下,为了争取时间,减少运输压力,并保证工程安全,整治建筑物的结构和所用材料要因地制宜,尽量就地取材,以节约投资。

(12)继承传统,开拓创新。长期以来,在人们与洪水斗争的过程中,积累了大量的河道整治技术与治河经验,这些技术来源于实践,也被实践证明是行之有效的。随着生产力水平的提高和科学技术的发展,在借鉴传统技术的同时,还需结合实际情况,对其进行不断的完善、补充,并开拓创新。一些新技术、新材料已在黄河治理中得到应用,并取得了很好的效果。因此,在河道整治的实践中,必须按照继承传统、开拓创新的原则进行,逐步实现河道整治的高质量、高水平。

三、河道整治规划设计的主要参数

河道整治规划设计的主要参数包括各级设计水位及设计流量、治导线和设计河宽。

(一)各级设计水位及设计流量

在河道整治规划中,相应于不同河道整治目的对应有不同的设计水位和设计流量。

1.枯水河槽的设计水位及设计流量

枯水河槽的治理,主要是保证枯水期的航运及取水所需的水深和流量的要求。枯水河槽的整治一般仅限于浅滩的整治,浅滩常造成航深不足,而且可能由于滩地的崩塌引起引水口脱流。一般确定这一河槽整治相应的设计水位、流量的方法如下:

(1)由长系列日平均水位某一水位的保证率来确定,保证率一般采用90%~95%,根据保证率确定设计水位,由设计水位确定设计流量。

(2)采用多年平均枯水位或历年最枯水位作为枯水河槽的设计水位,设计水位对应的流量为枯水设计流量。

2.洪水河槽的设计水位和设计流量

设计洪水流量及相应水位是防洪设计的标准,是堤防设计及其附属建筑物的设计依据。洪水河槽主要从宣泄洪水的角度来考虑,设计流量根据某一频率的洪峰流量来确定,其频率的大小根据保护区的重要程度而定。相应于设计流量下的水位即为洪水河槽的设计水位。

3.中水河槽的设计水位及设计流量

中水流量及其水位是控制中水河槽的设计标准,与河道整治关系极为密切。中水河槽是在造床流量作用下形成的,因此设计流量即为造床流量,相应于造床流量下的水位即为中水河槽的设计水位。在此流量下的造床作用是最大的,它与河床演变、河势的发展及河道的整治关系都很密切。

本节主要介绍设计中水流量即造床流量的概念及确定方法。

1)概念

造床流量,是指其造床作用与多年流量过程的综合性造床作用相当的某一种流量。这种流量对塑造河床形态所起的作用最大,但它既不等于最大洪水流量,因为最大洪水流量虽然造床作用强,但作用时间短,所起的造床作用并非最大;又不等于枯水流量,因为尽管枯水流量作用时间长,但流量过小,所起的造床作用也不是很大。因此,造床流量应该是一个比较大的,但又并非最大的洪水流量。

2)确定方法

造床流量的确定,一般采用计算法和平滩水位法。

计算法是根据造床作用的大小和流量、比降以及该流量所经历的时间长短(频率),由河段某断面历年(或选典型年)所观测的流量及各级流量出现的频率,绘制该河段的流量比降关系曲线,造床作用最大所对应的流量,即确定为造床流量。

平滩水位法是根据平滩水位时的流量造床作用最大而提出的。这是因为流量大于平滩水位的流量,水漫滩地,水流分散,流速变缓,造床作用减弱;当流量小于平滩水位的流量时,虽然水流归槽集中,但由于流量较小,塑造河床的作用亦同样较弱;只有在平滩水位时,流速大,水流集中,此流量对河床的塑造作用亦最强,所以一般采用平滩水位对应的平滩流量作为造床流量。黄河下游常采用平滩水位法确定造床流量。

对于复杂的河床断面形态,所谓平滩流量是指平二滩时的流量。图5-1为黄河花园口的河道大断面,其平滩水位如图5-1中的"2"位置所示。

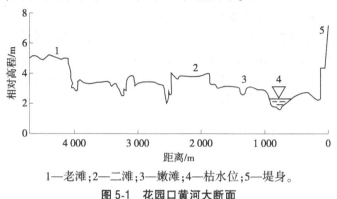

1—老滩;2—二滩;3—嫩滩;4—枯水位;5—堤身。

图5-1 花园口黄河大断面

(二)治导线

1.概念

治导线又名整治线,是河道经过整治后,在设计流量下的平面轮廓,也是整治工程体系临河面的边界连线。整治线不仅要满足国民经济有关部门的要求,而且也是布置整治建筑物的重要依据。

治导线一般都是圆弧形的曲线,曲线形式有单圆弧、双圆弧和三圆弧相切而成的复合圆弧形。曲线的特点是,曲率半径是逐渐变化的。从上游曲线与曲线之间过渡段起,曲率半径为无穷大,由此往下曲率半径渐小,在弯顶处最小,过此后又逐渐增大,至下游过渡段又达无穷大。图5-2分别为单圆弧、双圆弧及复合圆弧形式。

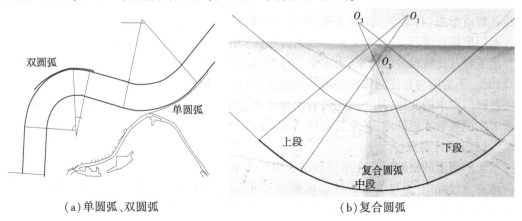

(a)单圆弧、双圆弧　　　　　(b)复合圆弧

图5-2 治导线曲线形式

实践证明,这种曲线的整治线,比较符合自然状态下平原河道的水流结构特点和河床演变规律。这种整治线如能得到控制,不仅水流平顺,滩槽分明,而且比较稳定,对防洪、航运及灌溉引水等均较有利。

2.治导线规划设计

对应于设计枯水、中水、洪水流量,有枯水、中水、洪水治导线。其中,中水治导线在河道整治中具有重要的意义,它是与造床流量相对应的经过整治后的河槽的治导线,此时造床作用最强烈。如果控制了中水河槽及这一时期的水流,则一般就能控制整个河势的发展,稳定河道。下面主要介绍中水治导线的规划设计。

治导线主要设计参数包括设计流量(造床流量)、设计水位(设计流量下当年当地水位)、设计河宽(整治河宽)、排洪河槽宽度(排洪河宽)及河湾要素。河湾要素包括弯曲半径 R、中心角 θ、过渡段长度 L、河湾跨度 L_m 及摆幅 T_m,河湾要素可根据有关经验公式确定,这里不再介绍。一般治导线河湾形态见图5-3。

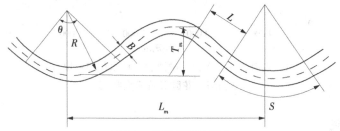

图 5-3　治导线河湾形态

对于河湾半径,如过小,则弯陡流急,不易控制河势;如过大,则迎流导流作用小,相应工程修筑战线长。直线过渡段的长度太短会产生反向环流,浅滩交错,深泓线弯曲剧烈;直线过渡段过长,水流流路不稳,河势难以控制,且可能加重过渡段河道的淤积。因此,选用适宜的河湾半径和直线过渡段长度,才能较好地控制河势。

治导线拟定是一项相当复杂的工作。首先,要清楚河势变化、弯道之间的关系,根据设计河宽、河湾要素之间的关系并结合丰富的治河经验,在充分了解河段两岸国民经济各部门对河道整治的要求的基础上,由整治河段进口至河段末端绘出治导线;其次,检查、分析各弯道形态、上下弯道之间关系、控导河势的能力,已建工程利用程度以及对国民经济各部门照顾程度等,论证拟定治导线的合理性;另外,确定整治线位置时,尽量利用已有的整治工程及比较难冲的河岸,力求上、下游呼应,左、右岸兼顾,洪、中、枯水统一考虑,整治线的上、下游应与有控制作用的河段相衔接;最后,随时间推移,考虑河势的变化及国民经济各部门要求的变化,几年后还要对治导线进行调整。一个切实可行的治导线往往需要若干次调整后才能确定,甚至需要模型试验验证。

(三)设计河宽

天然河道的横断面是在水流与河床相互作用下形成的,存在着一定的河相关系。在河道整治过程中,通过整治线控制横断面尺寸,而控制的横断面尺寸,往往只限于河宽。设计河宽是河道整治后相应于特征水位下的直河段水面宽度。

1.枯水河槽设计河宽

枯水河槽设计河宽为满足航运要求,一般只限于过渡段即浅滩的设计。采取浅滩疏浚工程挖出碍航部分的泥沙、河岸突嘴、石嘴,保持和增加航宽和航深。所需的航宽和航深依航运部门的要求而定。

2.洪水河槽设计河宽

洪水河道横断面尺寸主要从能宣泄洪水的角度来考虑。由于洪水经过时,水流漫滩,造床作用不显著,洪水河床的宽度与深度之间无显著的河相关系。洪水河槽的设计河宽取决于设计洪水流量和堤防之间的距离。

3.中水河槽设计河宽

中水河槽主要是在造床作用下形成的,其设计河宽为治导线的直河段整治河宽。中水河槽设计河宽确定方法有计算法、经验公式法和实测资料法,黄河下游通过三种方法得出的设计河宽相差不大。高村以上设计河宽 $B=1\,000$ m,高村至孙口设计河宽 $B=800$ m,孙口至陶城铺设计河宽 $B=600$ m,陶城铺以下设计河宽 $B=500$ m。

※黄河小知识

黄河下游冲积平原包括哪些地区？跨哪几个流域？

黄河下游冲积平原,是我国华北平原的重要组成部分,包括豫东、豫北、鲁西、鲁北、冀南、冀北、皖北、苏北等地,面积达 25 万 km^2。平原地势大体以黄河大堤为分水岭,地面坡降平缓,微向海洋倾斜。大堤以北为华北平原,属海河流域;大堤以南为黄淮平原,属淮河流域。

第二节 河道整治建筑物

为实现河道整治的目的,需要采取工程措施,即在河道上修建建筑物。凡是以河道整治为目的所修建的建筑物,称为河道整治建筑物,简称整治建筑物或河工建筑物。

一、整治建筑物材料

常用的整治建筑物材料有竹、木、苇、梢等轻型材料,土、石、金属、混凝土等重型材料。金属包括铅丝笼、钢丝网罩等,除金属、混凝土中的水泥外,其他材料可在当地获取,并且应优先选择当地材料。

(一)传统建筑物材料

(1)梢龙和梢捆。由梢、秸、苇和毛竹等材料用铅丝捆扎而成。细长者称为梢龙,短粗者称为梢捆。梢龙主要用于扎制沉排和沉枕,梢捆用于作坝和护底。

(2)沉枕。用梢料层或苇料层作外壳,内填块石和淤泥,束扎成圆形枕状物,用于护脚、堵口和截流等。

(3)杩权。是用 3 根或 4 根直径 12~20 cm、长 2.0~6.0 m 的木头扎成三足架或四足架(每两足之间用撑木固定),用于河床组成较粗的河流上修建多种建筑物的构件。

(4)石笼。用铅丝、木条、竹篾和荆条等材料制成各种网格的笼状物,内填块石、砾石,多用于护脚、修坝、堵口和截流。

(5)沉排。沉排又叫柴排、沉褥,是用梢料制成的大面积排状物,用块石压沉于近岸河床之上,来保护河床、岸坡免受水流淘刷。沉排护脚的优点是整体性和柔韧性强,能适应河床变形,且坚固耐用,具有较长的使用寿命。

(6)编篱。在河底上打木桩,用柳枝、柳把或苇把在木桩上编篱。如果为双排或多排编篱,篱间可填散柳、泥土或石料,缓流落淤效果好。

(二)土工合成材料

土工合成材料具有应用广、性能可靠、重量轻、运输方便、施工简捷、耐久性好、效果好等优点。近年来,新材料不断被用于河道整治建筑物中,作为崭新的土工建筑材料,土工合成材料应用的历时虽短,发展却极为迅速。土工合成材料主要有土工织物、土工薄膜、土工格栅、土工网、土工模袋等。土工合成材料应用于工程中主要有反滤排水、隔离、防渗和加筋作用。

(1)土工织物:是一种透水材料,分为织造(机织)型土工织物和非织造型土工织物。织造型土工织物又称有纺土工织物,采用机器编制工艺制造而成。非织造型土工织物又称无纺土工织物,通过黏合工艺加工而成。

(2)土工膜:由聚合物或沥青制成的一种相对不透水卷材。

(3)土工网:是一种基本不透水的具有较大孔径和刚度的平面结构材料,常用于坡面防护、植草和软基加固等。

(4)土工格栅:是经冲孔、拉伸而成的带长方形或方形孔的板材。因其强度高而延伸率低成为加筋的好材料。

(5)土工模袋:是由上下两层土工织物制成的大面积连续带状材料,袋内充填混凝土或水泥砂浆,凝固后形成整体板,可用于护坡。

除此之外,还有土工织物软体排、长管袋等材料。土工建筑新材料在河道治理中已取得了显著的成效,在河道整治中应用前景广阔。

二、整治建筑物的分类

(一)轻型(临时型)和重型(永久型)建筑物

按照建筑材料和使用年限,分为轻型(临时型)和重型(永久型)整治建筑物。轻型整治建筑物是由轻型材料(竹、木、苇、梢等)修建的,抗冲和抗朽能力差,使用年限短。重型整治建筑物是由重型材料(土、石、金属、混凝土等)修建的,抗冲和抗朽能力强,使用年限长。新型材料修建的河道整治建筑物多采用土工织物(又称无纺布)修建,其抗冲、抗朽能力和使用年限介于轻型和重型建筑物之间。选择整治建筑物的类型时,应根据整治建筑物的使用寿命,所处位置的水流、泥沙、气候和环境条件,材料来源,施工条件,施工技术和施工期等情况来决定。

(二)护坡、护底建筑物,环流建筑物

按照整治建筑物的作用,分为护坡、护底建筑物,环流建筑物。直接在河岸、堤岸、库岸的坡面、坡脚和整治建筑物的基础上用抗冲材料做成连续的覆盖保护层,用以防御水流冲刷的一种单纯防御性工程建筑物称为护坡、护底建筑物。如果用人工的方式激起环流来调整水沙的运动方向,达到整治目的而修建的建筑物叫作环流建筑物。

(三)透水建筑物和不透水建筑物

按照整治建筑物是否透水,分为透水建筑物和不透水建筑物。透水建筑物是指本身透水的整治建筑物,如梢龙、编篱材料做成的建筑物;不透水建筑物是指本身不允许水流通过的整治建筑物,如土石材料做成的建筑物。这两种建筑物对水流都具有导流和挑流的作用,透水建筑物挑流、导流作用比不透水建筑物弱一些,但有缓流落淤的作用。选择时应根据当地的建筑材料和整治目的确定整治建筑物的类型。

(四)坝、垛类和护岸类建筑物

按照建筑物的外形(作用),将整治建筑物分为坝、垛类和护岸类。它们的形状不同,所起的作用也不同。一般枯水整治常用丁坝、顺坝、锁坝、潜坝,中水整治常用丁坝、垛、顺坝等坝类整治建筑物,而护岸类工程在中水、洪水河槽整治中都适用。

(五)淹没和非淹没整治建筑物

按照整治建筑物与水位的关系,分为淹没和非淹没整治建筑物。淹没整治建筑物是指在一定水位下可能遭受淹没的建筑物(如锁坝、潜坝);在各种水位下都不允许被淹没的整治建筑物(如堤防),则称为非淹没整治建筑物。

三、丁坝

丁坝是黄河下游最常用的河道整治建筑物,下面对其分类、作用、结构等方面进行具体的介绍。

(一)丁坝的分类

丁坝是一端与河岸相连,另一端伸向河槽的坝形建筑物,在平面上与河岸连接成丁字形。丁坝可以束窄河床,调整水流,保护河岸,具有挑流、导流的作用,故又名挑水坝。

1.透水丁坝和不透水丁坝

按修建的材料,丁坝分为透水丁坝和不透水丁坝。用不透水材料修建的实体丁坝,主要作用是挑流和导流。而用透水材料修建的透水丁坝还具有缓流落淤的作用,黄河下游河道整治修建的主要是不透水丁坝。

2.淹没式丁坝和非淹没式丁坝

按坝顶高程与水位的关系,丁坝分为淹没式丁坝和非淹没式丁坝。淹没式丁坝经常处于水下,坝身与河漫滩相连,坝顶高程一般与滩唇齐平,通常用于枯水整治。非淹没式丁坝用于中水的整治,其坝顶高程有的高出设计洪水位略低于堤顶,有的略高于滩面,一般不被洪水淹没,即使淹没,历时也很短。黄河下游河道整治修建的是非淹没式丁坝。

3.长丁坝和短丁坝

根据对水流的影响程度,丁坝分为长丁坝和短丁坝。长丁坝坝身较长,不仅能护坡、护岸,还能束窄河床,将主流挑向对岸。短丁坝由于坝身较短,只能局部将水流挑离岸边,

迎托水流外移,起护岸、护坡作用。长丁坝和短丁坝在不同时期长短不一,黄河下游目前认为 100 m 左右长的为长丁坝,50~60 m 长的为短丁坝。

4.抛石丁坝、沉排丁坝和土心抛石丁坝

按照坝的结构形式,丁坝分为抛石丁坝、沉排丁坝和土心抛石丁坝。抛石丁坝采用乱石抛堆,表面用砌石或较大的块石抛护。沉排丁坝是用沉排叠成,最低水位以上用抛石覆盖,坝根部位要进行衔接处理。土心抛石丁坝采用沙土或黏土料填筑坝体,用块石护脚护坡,沉排护底。黄河下游因地制宜,常用土心抛石丁坝。

5.上挑丁坝、正挑丁坝和下挑丁坝

按照坝轴线与水流方向交角 θ 大小,丁坝分为上挑丁坝 $\theta>90°$($110°~120°$)、正挑丁坝 $\theta=90°$ 和下挑丁坝 $\theta<90°$,如图 5-4 所示。坝轴线与水流的夹角不同,对水流的结构影响不同。

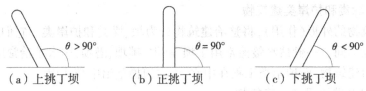

| (a)上挑丁坝 | (b)正挑丁坝 | (c)下挑丁坝 |

图 5-4　上挑、正挑和下挑丁坝

对于非淹没式丁坝,当水流绕过丁坝时,上挑丁坝坝头水流流态紊乱,对河床的局部冲刷较强;下挑丁坝则坝头水流平顺,对河床的冲刷较弱。对于淹没式丁坝,当水流漫过上挑丁坝时,在坝后形成沿坝身方向指向河岸的平轴螺旋流,将泥沙带向河岸,在靠近岸边附近发生淤积;而水流漫过下挑丁坝时,在坝后形成的水平轴螺旋流方向沿坝身指向河心,将泥沙带向河心,从而使坝后产生冲刷。因此,非淹没式丁坝选择下挑丁坝,淹没式丁坝选择上挑丁坝较适宜。黄河下游的丁坝为挑流、导流的下挑丁坝。

(二)丁坝的平面形式

丁坝平面由坝头、坝身和坝根三部分组成,如图 5-5 所示。坝与堤或滩岸连接部分为坝根,坝头是丁坝深入河中前头部分,由上跨角、坝前头和下跨角组成,坝身是坝根与坝头之间的部分,平面形状常采用两条平行线组成的直线型。

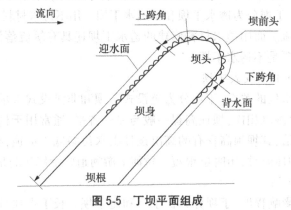

图 5-5　丁坝平面组成

丁坝平面形式主要取决于坝头形式,坝头形式对流势控制能力、坝身的安全及工程的投资都有影响,目前采用的坝头形式有圆头形、拐头形、流线形、斜线形和椭圆弧形,见图5-6。

(a)圆头形　　(b)拐头形　　(c)流线形　　(d)斜线形　　(e)椭圆弧形

图5-6　丁坝坝头形式

圆头形丁坝坝头为半圆,圆的半径为1/2坝顶宽度,能较好地适应各种来流方向,且施工简单,但控制流势的能力差,坝下回流大,多用于工程的上段以适应来流方向;拐头形丁坝坝头有一折向下游的拐头段,迎流条件好,坝下回流小,但坝上游回流大,多用于工程的中下段;流线形丁坝坝头为一条光滑拟合曲线,迎流、送流条件好,坝下回流小,工程耗资少,但施工复杂,坝顶宽度小,抢险后易变形;斜线形坝头由于迎流、送流条件较差,且易出险,虽施工简单,但已较少使用;椭圆弧形丁坝是一种新型的坝形,坝头由两段椭圆曲线和一段圆弧拟合而成,迎流、导流、送流条件好,易加高,但施工放样复杂,多用于工程下段以增加送流能力。

(三) 丁坝剖面结构形式

1.传统的结构形式

1)抛石丁坝

采用乱石抛堆,表面用砌石或较大的块石抛护。在细沙河床上需用沉排护底,其范围应伸出坝脚一定长度,上游伸出坝脚约4 m,下游8 m,坝头部分12 m。顶宽一般为1.5~2 m,迎水坡和背水坡边坡系数一般为1.5~2.0,坝头部分可放缓为3~5。抛石丁坝较坚固,适用于水深流急、强溜顶冲及石料来源丰富的河段。

2)沉排丁坝

这种丁坝是用沉排叠成,最低水位以上用抛石覆盖,坝根部位要进行衔接处理。坝顶宽一般为2~4 m,边坡系数上游一般为1.0,下游为1.0~1.5。黄河下游自20世纪80年代以来共计试验修做了各类土工织物沉排坝50余道,从已靠河的丁坝运行情况看,其主要特点是透水不透沙且有足够的强度,防冲效果明显。按照压载物的不同,黄河下游沉排丁坝可分为化纤编织袋、管袋充填泥浆、铅丝石笼(柳石枕)、充沙褥垫式、铰链式模袋混凝土等。既有旱地施工,又有水下施工,为黄河下游丁坝结构的改进积累了宝贵经验。

3)土心抛石丁坝

采用沙土或黏土料填筑坝体,用块石护脚护坡,沉排护底。顶宽一般为3~5 m,在险工段,非淹没式丁坝应加宽至8~10 m,用于堆放材料,如为淹没式,尚需护顶。上下游边坡系数一般为2~3,坝头的边坡系数大于3。丁坝根部与河岸的衔接长度为顶宽的6~8倍,其上下游均须护岸防冲,坝脚一般抛投铅丝石笼和柳石枕防护,如图5-7所示。

2.新型结构形式

1)钢筋混凝土框架坝垛

采用预制的钢筋混凝土结构组件,其上部为三角形透水框架结构。将其放置在护岸

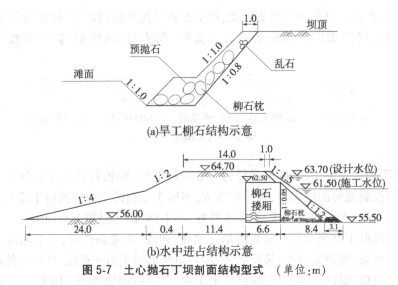

(a)旱工柳石结构示意

(b)水中进占结构示意

图5-7 土心抛石丁坝剖面结构型式 （单位:m）

处,具有迎托水流和缓流落淤的作用。

2）混凝土透水管桩坝

这是由空心钢筋混凝土管桩按一定间距排列形成的透水坝结构。各桩顶与联系梁板固结,增加桩坝整体强度。在黄河的苏泗庄、花园口、东安、韦滩等工程处修建有透水桩坝,从工程实践及运用效果来看,该种坝型结构简单、施工速度快、能控导溜势和落淤造滩,在黄河下游的应用取得了可喜的成果。

(四)丁坝的护坡

丁坝由坝体、坝坡和护根组成。坝体一般用土筑成,在外围用抗冲材料加以裹护,称为护坡。黄河下游传统护坡形式见图5-8。

（a）散抛块石护坡　　　　　（b）扣石护坡　　　　　（c）砌石护坡

图5-8 丁坝护坡形式

1.散抛块石护坡

散抛块石护坡是在已修好的坝体外,按设计断面散抛块石而成。这种护坡坡度缓,坝坡稳定性好,能较好地适应基础的变形,施工简单,险情易于暴露,便于抢护,但坝面粗糙,需要经常维修加固。

2.砌(扣)石护坡

砌(扣)石护坡是用石料在坡面上按垂直坡面砌筑或扣筑而成。这种护坡坡度较缓,抗冲能力强,坝体稳定性好,用料较少,水流阻力小。但对基础的要求高,一旦出险,抢护困难,因此新坝必须在散抛块石护坡经过几年沉蛰及抛石整修,且基础稳定后,才能改作砌(扣)石护坡。扣石护坡较抛石护坡坝面平整,能适应基础的变形;砌石坝坝身主要用石料浆砌而成,在迎水面用水泥砂浆勾缝防渗,整体性、抗冲、防渗性好于其他两种坝形。

(五)丁坝的护根

护根是为了防止河床冲刷、维持护坡的稳定而在护坡下修筑的基础工程,亦称根石。一般用抗冲性强、能够较好地适应基础变形的材料来修筑。在修建坝、垛之后,局部水流条件被改变,坝、垛迎水面一侧形成壅水,在其头部产生折向河床的下冲水流,和环流共同作用使坝头附近受到淘刷,形成椭圆形的漏斗状冲刷坑。

如果冲刷坑不能及时填充、稳固,将导致建筑物破坏。传统的坝、垛的根基是随着水流不断淘刷而逐步加固的,并非在施工阶段即能完成,因此正确估计冲刷坑可能达到的深度和范围,是确定坝头防护措施和基础的防护范围的依据。

影响冲刷坑大小、深浅的因素很多,主要有单宽流量、来流方向与坝轴线的夹角、坝长、坝型、坝面坡度、河床组成以及水流含沙量等。单宽流量大,冲刷严重;来流方向与坝轴线的夹角大,则壅水高度大,冲刷愈强烈;坝愈长,挑流愈重,冲刷愈强烈;坝头边坡愈陡,折向河底的下冲水流的冲刷力愈大。由于影响因素的复杂性,目前确定冲刷坑深度的方法有探测法、调查法和经验公式计算法,在此不再介绍。

冲刷坑形成后,为了保证坝垛安全,通常采用及时向冲刷坑内抛投块石、铅丝笼、柳枕等措施,将冲刷坑稳定保护起来;或在坝垛施工期采用土工织物做成软体排覆盖在土基附近河床上进行保护,这些措施称之为护根,如图5-9所示。

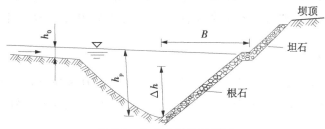

图5-9 稳定冲刷坑及根石

1.柳石护根

这是传统的护根措施,采用材料为柳枕、块石等。坝垛的根基在施工阶段不可能一次完成,随着冲刷坑的加深扩大,经过多次抢护、抛枕、抛石,逐步形成稳定的护根。

2.充沙土工织物软体排护根

土工织物是一种新型的材料,其强度高,柔性好,耐久性好,价格低廉。软体排具有较好的适应变形的能力,能够如影随形地贴附在河床上,使丁坝基础免受水流冲刷,且可一次性做成,是实现新修丁坝少抢险的新型工程措施。图5-10为充沙软体排在平面上的布置。

尽管土工织物有其突出的优点,但其本身在空气中抗老化的性能比较差,因此充沙土工织物软体排应采取适当的措施进行保护,如采用坦石裹护或采用水土覆盖等,促使软体排免于暴露空气中。

3.塑料编织袋护根

塑料编织袋护根是用塑料编织袋装土覆盖于坝前进行水下护根的。它替代了石料,

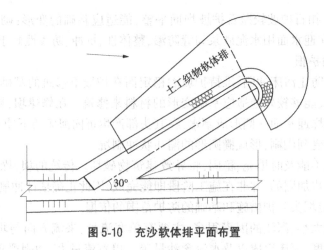

图5-10　充沙软体排平面布置

有一定的柔性和适应局部变形的能力,具有较好的应用前景。

4.化纤编织袋沉排护根

将泥土装于长化纤编织袋内,袋与袋之间用化纤绳编网连成一体,做成沉排坝。沉排坝的护根抗冲作用非常明显。

5.长管袋构筑沉排护根

用土工织物做成长为60~140 m的长管袋,内填充泥浆,由坝基坡脚生根,垂直铺向河中,管袋下铺一层反滤布。若干个长管袋连结成排体,在水下具有比较好的护根防冲作用。

6.网罩护根技术

网罩护根技术是防止根石被水流冲走的护根技术。在铺设好根石的坝坡上,铺设铅丝网罩。网罩护根技术整体性强、适应变形能力强,防根石走失效果好,对有根石基础的加固效果显著。

四、黄河埽工及垛

(一)埽工

埽工是我国黄河两岸的劳动人民在治理河流的过程中实践经验的结晶。埽工是以土、石、秸、苇和柳枝等材料,以桩绳为联系的一种河工建筑物。它用来抗御水流的冲刷,防止堤岸坍塌,还可以用来堵覆溃决的堤岸。

黄河埽工的组成特点是土为肉、料为皮、桩是骨头绳为筋。埽工所用的材料如梢秸料,本身具有弹性,修成的整体埽工具有较好的柔韧性能和适应不均匀变形的能力,比块石、混凝土等材料更能缓和大溜的冲刷,阻塞水流,适应冲淤河流的动床特点。同时,埽体糙率较大,可以减缓水流的纵向流速,用于堵决,比石料闭气效果更好。因此,在防汛抢险、截流堵口以及临时性河道整治工程中至今仍被广泛采用。

黄河埽工已有千年以上的历史,是人们与洪水作斗争的工具。按照平面形状、作用、位置等有不同的名称,如磨盘埽、月牙埽、鱼鳞埽、藏头埽、护尾埽等,如图5-11所示。

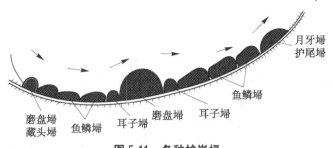

图 5-11 各种护岸埽

(二)埽

埽具有迎托水流、削减河势作用,是坝长很短的丁坝,有丁坝的迎水面、上跨角、坝前头、下跨角、背水面等部位,但长度较短,一般 10~30 m。如野城老宅庄控导工程 6~13 道埽,外形为丁坝形式,坝长为 30 m,较一般丁坝短 70 m。

护岸埽不连续使用时便成为埽,因此埽的平面形状有磨盘埽、月牙埽、鱼鳞埽、雁翅埽及经过改进演变出现的人字形埽、抛物线埽等形式。目前黄河上常用的埽的平面形状为抛物线埽。

山东黄河河务局 20 世纪 50 年代提出的头为 1/4 圆、上下按切线延长形成的埽称为抛物线埽(见图 5-12)。从图 5-12 中可以看出,埽的中部为 1/4 圆,上游侧切线与岸线的交角为 30°,下游侧切线与岸线的交角为 60°,埽的上下还伸入滩岸一定深度。

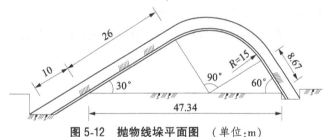

图 5-12 抛物线埽平面图 (单位:m)

1993 年河南黄河河务局在开封王庵控导工程设计时,提出了二次抛物线埽的平面形式,如图 5-13 所示,二次抛物线埽根据 *OA* 段、*OB* 段相应方程,可确定各点的坐标。

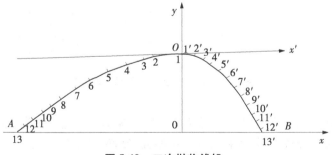

图 5-13 二次抛物线埽

五、黄河传统木制工具的传承与发展

木材源于自然，经过能工巧匠的制作又用于改造和驯服自然，揉木为耒，刳木为舟，天然木材变成了木锨、扁担、独轮车、大帆船，黄河流域的人民不断发明并创造出更加复杂且实用的木制工具，持续推动着黄河文明的发展。

据史籍《周易·系辞下》记载："包牺氏没，神农氏作，斫木为耜，揉木为耒，耒耨之利，以教天下，盖取诸益。"耒耜起初为木制，后出现了金属包边和青铜制的耒耜，也是犁的原型，相传大禹治水时手握的"神器"便是耒耜，大禹率领民众，与洪水作斗争，历经13年，最终完成治水大业。自汉代起就开始使用的黄河埽工，就是以柳石薪柴为主体、木结构为骨架的河工建筑物。时至今日，柳石搂厢与柳石枕等黄河埽工仍在黄河防汛抢险中广泛运用。制作埽工要用到各种木制工具，如进占时用来拴绳缆的捆箱船、箱埽时用来拍打埽眉的齐板、用来搕埽前眉头的栏板、用来压柳的压柳把叉、用来撑枕离岸的撑杆、防止埽回弹的木犁、用来推埽下河的奎木、用来打桩的手硪，还有木榔头、丈杆、打水杆、云梯、高凳等。

其中，手硪作为一种木铁组合工具（见图5-14），因其造型独特，打桩效率高，被称为黄河防汛抢险时的打桩神器，也是目前防汛仓库唯一登记在册的黄河传统抢险工具。手硪由铁锥、木制硪爪、硪柄组合而成，硪爪上的榫头叫包尖榫，也叫圆包圆，与硪柄组合后两个尖把圆木牢牢抱住，使硪爪与硪柄成为一个整体结构，"长一寸二，宽四分儿，两边儿再留四分儿"是硪柄的尺寸。木制框架榫卯相接，插入铁锥，具有抗震、易于把握的特点，但也因木质结构相对脆弱，一旦发生碰撞，容易损坏，耽误抢险施工，属于消耗品。

图5-14 黄河传统抢险打桩工具手硪

制作手硪把手架需要用到"刮、刺、凿"三种传统木工技艺。首先将圆木规方，随后划线、凿眼，锯榫头。经过下料、刮料、划线、凿眼儿、锯榫、摽铅丝等七八道程序，手硪把手框架与铁锥合为一体，全榫卯工艺，没有一颗钉子。

近年来，保护传统技艺的呼吁屡见报端。但是，传统技艺面临失传的困境仍然难以彻底解决。《中国传统手工现状调研报告》显示，有近六成的传统手工从业者尚未找到继承人。黄河传统技艺也不例外,黄河埽工、传统抢险工具的制作工艺复杂,学习制作周期长,让现在的年轻人望而却步,再加上机械化普及,传统技艺使用频率降低,新老传帮带不及时等让传统技艺的传承面临危机。

习近平总书记指出:要保护好、传承好、利用好中华优秀传统文化,挖掘丰富内涵,以利于更好坚定文化自信、凝聚民族精神。

老底子不能丢,一路走来的光荣历史与文化积淀更不能就这样遗落在时光里。中牟黄河河务局通过近年来不断探索,发掘传统技术传承的新方法,并形成了独具特色的传承模式。

传统并非落后,反而蕴藏着古人的智慧,在治黄历史中,无数能工巧匠用血汗筑造了如今的万里长堤,我们应竭尽全力将宝贵的文化遗产继承下来,发扬工匠精神,握紧接力棒,让更多人了解优秀的黄河传统技艺,一代一代地传下去,为中华民族永续发展继续努力。

※黄河小知识

黄河下游河道最宽处在哪里?有多宽?最窄处在什么地方?

黄河下游河道上宽下窄,河道最宽处为河南省长垣县大车集,对岸是山东省东明县,两岸相距 20 km;最窄处在山东省东阿县境内的艾山,只有 275 m。

河道最宽处

河道最窄处

第三节 险工、控导工程及平顺护岸工程

堤防工程是河道防洪的主要屏障,分为平工段和险工段。平工段指大堤临河有较宽滩地,只有洪水漫滩偎堤时才临水的堤段。险工段则是指经常临水、靠溜的堤段。修筑在险工段用于挑送水流,控制溜势,避免淘刷堤岸,防止大堤冲决的丁坝、垛等护岸工程称为险工。险工是堤防防洪的前沿阵地、防洪的保障,又是控导水流的重要措施。滩地是堤防的前沿阵地,"滩存则堤固,滩失则堤险",为保护滩地,约束主流,控制河势,常在堤防前有滩地的河段,沿凹岸滩坎修建丁坝、垛等建筑物,这些工程被称为护滩控导工程。护滩控导工程主要用于控制河势、引导水流、保护滩地等,一般多用于弯曲性河段和游荡性河段。险工和控导工程如图 5-15 所示。

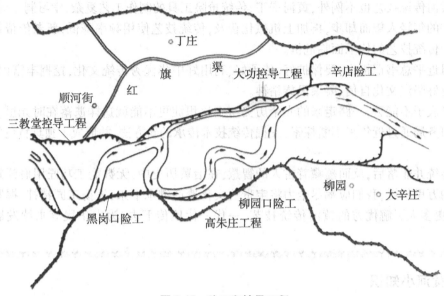

图 5-15　险工和控导工程

为了防洪需要,在黄河治理中河道整治已进行了 60 多年,至 2014 年黄河各河段的河道整治工程情况见表 5-1。险工和控导工程的作用、规划设计方法及布设建筑物类型相同,不同点在于建筑物修建位置及高程确定不同,下面主要讲控导工程规划设计。

表 5-1　黄河下游河道整治工程统计表(截至 2014 年)

	河段	游荡性河段	过渡性河段	弯曲性河段	小计
控导工程	工程处数	87	32	100	219
	坝垛数/道	2 276	744	1 605	4 625
	工程长度/km	225.211	66.898	135.357	427.466
险工	工程处数	29	23	83	135
	坝垛数/道	1 479	495	3 305	5 279
	工程长度/km	111.460	52.772	146.308	310.540
合计	工程处数	116	55	183	354
	坝垛数/道	3 755	1 239	4 910	9 904
	工程长度/km	336.671	119.670	281.665	738.006

一、控导工程设计

(一) 河势分析、治导线确定

控导工程是护岸护滩、控弯导流的河道整治工程。控导工程是依据河道治导线进行布置的,而治导线是根据河床的演变分析得出的河势发展变化规律确定的。因此,研究和分析河势的变化规律,按照因势利导的原则,利用已有整治工程和天然节点,充分考虑各方面的要求,合理确定治导线是控导工程设计的重要一步,治导线规划及位置确定在本章第一节已介绍。根据河势的发展规律沿治导线在河湾的凹岸修筑控导工程,达到"以坝垛护弯,以弯导流,弯弯相接相送"的整治要求,从而实现中水整治、洪枯兼顾、控导河势的整治目的。

(二)工程位置线的确定

工程位置线是整治建筑物头部的连线,它是根据治导线而确定的一条复合圆弧线,多呈凹入型布局,以适应洪、中、枯水"上提下挫""内靠外移"的特点。确定工程位置线时,首先在研究河势变化的基础上,确定靠流部位和可能"上提下挫"的范围,结合整治线,确定工程布设范围,然后,分段确定工程位置线。

工程位置线在平面上的布置按照"上平、下缓、中间陡"的原则,以便较好地引流入弯、送流出弯。工程位置线的上段曲率半径应尽量大些,以利于引导水流进入弯道,防止水流抄工程后路,必要时甚至可以采用直线;中段曲率半径应小些,调整水流并送至工程下段;下段的曲率半径应比中段略大,比上段略小,以利于送流出弯,并把主流送至下一道工程。

工程位置线与治导线关系密切,治导线是一个河段经过河道整治后,在设计流量下的平面轮廓线,整治工程位置是河湾处整治工程的坝头位置,整治工程位置线依赖于治导线。在一般情况下,工程位置线的上部采用放大弯道半径或切线退离治导线,工程中下部与治导线重合。整治工程位置线与治导线的关系如图5-16所示。

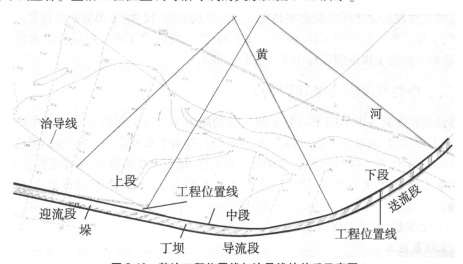

图 5-16 整治工程位置线与治导线的关系示意图

(三)整治建筑物平面布置

1.整治建筑物类型

整治建筑物主要有坝、垛和护岸。丁坝、垛的分类已在前面介绍,现就护岸的形式加以介绍。

护岸控导工程主要有三种形式:平顺护岸、丁坝护岸和守点顾线护岸。平顺护岸是用抗冲材料直接覆盖在堤防、河岸的坡面上，具有保护岸坡、抵御水流冲刷、将水流顺势送走的作用。这种护岸形式不挑流，不导流，不影响航运，但防守重点不突出，属防御性被动护岸工程，对水流的干扰小，易防护，长江上应用较多。而丁坝护岸则是用突出于河岸的丁坝、垛等建筑物，将主流外挑，来保护河岸免于水流冲刷的主动护岸工程。丁坝护岸坝前冲刷严重，同时增加了河床的糙率，但其工程防守重点突出，防护线短，挑流护岸作用好，黄河上应用较多。守点顾线护岸是平顺护岸与丁坝护岸相结合的护岸工程，常用于坍塌较长的河段凹岸，这类工程用丁坝群做成据点(守点)，然后在据点间适当布置平顺护岸(顾线)进行长河段的保护。丁坝群做成的据点主要布置在河道的水流顶冲点处，并考虑顶冲点上提下挫的特点，据点间的距离应根据丁坝群的挑流和导流能力而定。

2.整治建筑物的布设

对一个整治工程来说，坝、垛和平顺护岸密切配合，相互作用。在整治建筑物布设上应掌握"上(段)密、下(段)疏、中(段)适度；上(段)短、中下(段)长"的原则。在工程的上段宜修垛，中下段宜修丁坝，个别地方辅以平顺护岸。整治建筑物采用这样的布设形式可以很好地起到控导水流的作用。

丁坝间距与丁坝长度、丁坝数量密切相关。丁坝的合理间距应满足以下两个条件：首先，绕过上一个丁坝的水流扩散后，其边界大致达到下一个丁坝的有效长度的末端；其次，下一个丁坝的壅水应刚好达到上一个丁坝，保证丁坝之间不发生冲刷，丁坝长度与坝间距近似1:1关系，丁坝间距常在100～200 m。丁坝轴线与工程位置线的夹角为坝的方位角，一般为30°~60°。

控导工程规划设计还要确定坝高程及剖面结构形式、尺寸，丁坝剖面结构形式在前面已介绍，丁坝高程根据位置不同，确定方法不同，险工段修建丁坝按照设计洪水位加超高确定，滩地上修建丁坝按照设计中水位加超高确定。

二、丁坝类整治建筑物施工特点

整治建筑物的施工不同于一般水利工程的施工。水利工程施工一般是先修基础工程，后建上部结构，而整治工程则是先修上部工程，随着工程的应用、冲刷坑的形成再逐步加固基础。因此，首先按设计要求修建土石方工程，随着工程的应用，河床变形的发展，经过多次施工性抢险、抛石固基，使坝体逐步稳定，然后对已稳定的坝体进行整修，使坝体更趋完善。

(一)土坝基、裹护工程施工

1.土坝基施工

土坝基在岸地上修筑时，距河较远，施工方法同土方工程。需水中进占施工时，可采用柳石搂厢或深水桩柳进占。

2.裹护工程施工

将可能被水淘刷的坝头和坝身的近水部位，用抗冲材料加以保护的工程称为裹护工程。坝体远离河岸，有靠河可能时，提前裹护为旱地施工，施工时，按设计的裹护尺寸在坝脚处挖槽填入抗冲材料；水工施工是指坝体在靠水情况下抢修裹护工程，一般可直接抛枕、抛石或抛铅丝石笼；水中进占施工裹护工程时，采取抛枕、抛石及固脚防冲与土坝基施工同时进行的方法。

(二) 根石施工

为维护坝体安全,消除坝体修建后的阻水作用产生折冲水流对坝基淘刷的危险,需在坝根处抛石固根。

抛根石时可以从坝顶抛石靠自重入水,也可以用船运石料至坝根处,一般重要的部位和水急溜紧处,可抛大块石或铅丝笼护根。

1.抛石的范围、尺寸和抛石量

在横断面上抛石的范围一般为上端自枯水位水边开始,下端则要根据整治河床地形而定。如深泓逼近河岸,应达到深泓;如深泓远离河岸,应抛至河底坡度为 1:3~1:4 处。抛石护脚的形式如图 5-17 所示。在接坡段枯水位处应加抛 2~3 m 的平台。同时,应加抛备填石料,用来防止近岸护底段在护脚后河床可能发生的冲刷加深。

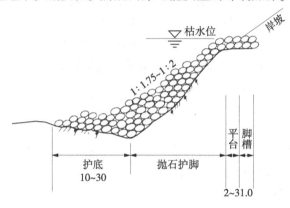

图 5-17 抛石护脚形式 (单位:m)

抛石厚度以保证块石层下的河床物质不被水流淘刷、坡脚冲深过程中块石间不出现空当为宜。试验证明,近岸流速 3.0 m/s 下,抛石厚度为 2 倍的块石直径即可满足要求。在实际工程的施工中,由于块石分布的不均匀性,在水深流急的部位,抛石厚度往往需要增大到块石直径的 3~4 倍。在我国主要的江河工程中,一般采用 30~150 kg(直径 0.2~0.4 m)的块石即能满足要求。

2.抛石方法

块石自水面入水点落入水中,由于受水流的作用,将经过一段距离后落到河底,自入水点到着底点的纵向水平距离称为抛石落距。

抛石施工可采用坡顶抛石和船抛根石的方法。坡顶抛石可直接运石抛卸于坝坡上,依其自重下滑入水,或停留在根石台上,然后进行人工强抛入水。抛石的开始部位应为下游处,然后逐渐抛向上游处。如果水深流急,可用大块石先在下游抛一条石埂,再用一般块石逐一抛向上游。一般块石只能抛在流速较小的迎水面中后部;主要坝岸的迎水面前半部至下跨角水深流急、冲刷严重的部位,应加抛大块石。大块石不足时,可只在重点部位抛护或改用抛石笼。水下抛石主要是固定根基,根深才能固基。因此,在抛水下根石时,应使石料能被抛到最深处。所以,抛石应在河床冲刷较深、水流流速较缓时进行。根石抛完后应进行探测,以检查是否满足计划要求。

船抛根石必须在岸上指挥,做到抛石船定位准确,抛投均匀,数量达到设计要求。抛投时,应按照先上游、后下游;先深水、后浅水;先远区、后近区的顺序进行。对新修的护岸护脚工程(如丁坝护脚工程),特别是崩岸强度大的险段,抛护顺序应为从远至近,先坡后脚,并连续施工,突击完成。抛石施工时应先订立断面桩,桩距20~25 m,2~3排。并根据水下地形图绘制桩号断面,根据设计抛石厚度标出各桩号断面应抛石数量。在抛石前和抛石过程中,应根据水位变化情况,实测抛石冲距(落距),来保证施工质量。

(三)整修工程施工

在经过多次施工性抢险,根石已达稳定深度,坝体已经逐步稳定时,应根据基础承载能力对坝体进行整修。基础承载力好的,可修筑成重力式砌石坝;基础承载力差的,可修筑成砌(扣)石坝。整修的施工技术主要有砌石和扣石两种。砌石是沿子石的外露面呈垂直状态的一种砌筑方法。沿子石一般为粗料石,由下向上分层砌筑,横缝呈一水平线,逐层错搭成坡。扣石是沿子石的外露面与坡面相一致的砌筑方法,分为丁扣和平扣。丁扣是沿子石的长轴方向垂直于坡面;平扣是沿子石的短轴方向垂直于坡面。整修工程还可砌筑为浆砌石,施工方法同水工建筑物的浆砌石的施工。

三、护岸工程

护岸工程的类型有平顺护岸、丁坝护岸、守点顾线式护岸三种。坝、垛等整治工程已在前面讲述,这里就平顺护岸加以介绍。

(一)护岸工程规划

平顺护岸是用抗冲性较强的材料直接覆盖在堤岸的坡面上,防止水流冲刷的一种护岸形式。无论是与坝、垛联合应用,还是独立使用,都必须与具体的河道特性和边界条件相适应,同当地的技术、物质、人力等条件相配合。在规划过程中,应对河势的发展进行深刻的分析与研究,掌握不同水位时弯道顶冲点上提下挫的范围。遵循因势利导、因地制宜的原则,选择合适的护岸类型和护岸材料。平顺护岸大多布置在与治导线相接近的弯道凹岸,凸岸可以不做护岸,对移动较明显并能引起河势显著变化的凸岸可采用修筑潜坝或其他措施进行固滩。过渡段一般不宜做护岸,如果有必要,可采用轻型材料守护。

(二)护岸工程结构

按照水流对岸坡的作用及施工条件,平顺护岸可分为上、中、下三层工事。设计洪水位以上为上层工事;枯水位以下为下层工事;二者之间为中层工事。中、上层工事为护坡或坡面工程,下层工事为护底、护根,又称为护脚工程。

1.护坡工程

护坡工程除承受水流的冲刷、波浪的冲击和地下水外渗的侵蚀外,在水位变化区的部分,还要承受干湿交替,以及冻融循环等物理作用。因此,护坡材料应具有足够的强度、抗渗性、抗冻性及抗风化性能和耐水性。目前,常用的护坡工程形式有抛石、干砌石、浆砌石、混凝土和钢筋混凝土板、绿化混凝土护坡等。对于流速、波浪较小的河段,采用栽植柳树或草皮的方法护坡,效果也很好。

1）抛石、块石护坡

抛石护坡柔性好,经过一段时间的沉陷变形后,根基稳定下来,再进行干砌整坡。块石护坡则由面层和垫层组成,垫层起反滤作用,对于较陡的河岸,应先削坡再进行砌筑。

2）多孔预制混凝土块体护坡

多孔预制混凝土块体护坡是一种采用混凝土预制块体干砌,依靠块体之间相互的嵌入自锁或自重咬合等方式形成多孔洞的整体性结构,孔洞中可填土种植或自然生长形成植被的新型生态护岸技术(见图5-18)。

（a）刚施工完成的状况　　　　　　　　（b）植被长成后的状况

图5-18　多孔预制混凝土块体护坡实景

多孔预制混凝土块体护坡结合了混凝土护坡和植物护坡的优点,既抗冲耐磨、稳定牢固,又具有自然绿化、生物适宜、景致怡人的生态特性,适用于水流速度较大、抗冲要求较高、生态和景观要求较高的河道。多孔预制混凝土块体设计强度等级不应小于C20。

3）混凝土模袋护坡

混凝土模袋按其充填材料不同分为充砂型和充混凝土型。前者适用于一般坡面、渠道、江河和水库的护坡,后者适用于较强水流和波浪作用的岸坡、海堤等。

4）植物护坡

植物护坡技术是一种完全依靠植物进行河道岸坡保护的技术,通过有计划地种植植物,利用其根系锚固加筋的力学效应和茎叶截留降雨、削弱溅蚀、抑制地表径流的水文效应,削浪促淤、减小水土流失、固滩护坡的堤岸防护技术。植物护坡对河流生态环境影响小,有利于维护河流健康,生态环保效果好。在固土护岸的同时,兼具改善水质、净化空气、景观造景等功能。且具有低碳节能,造价低的特点,适用于河道较缓、流速较小的岸坡。

5）土工材料复合种植基护坡

土工材料复合种植基护坡由土工合成材料、种植土和植被三部分组成,利用土工合成材料固土护坡,并在其中复合种植植物或自然生长形成植物护坡,实现保护河流岸坡的目的。

土工材料复合种植基护坡既有植物护坡生态自然、美化造景、节能环保、经济节省、自修复、少维护等优点,土工合成材料又能有效提高土体稳定性和抗冲刷能力,尤其是提高工程初期的岸坡防护效果。

6) 绿化混凝土护坡

绿化混凝土护坡是一种通过水泥浆体黏结粗骨料,依靠天然成孔或人工预留孔洞得到无砂大孔混凝土,并在孔洞中填充种植土、种子、缓释肥料等,创造适合植物生长的环境,形成植被的河道护坡技术(见图5-19)。绿化混凝土护坡结合了混凝土护岸和植物护坡的特性和优点,既具有混凝土护坡安全可靠和抗冲耐磨等优点,又具有植物护坡的生物适应性好、削污净水、生态友好、美化造景和休闲娱乐等特性。绿化混凝土护坡抗冲刷能力较强,适用于水流速度较快、岸坡较陡、防冲要求较高的河道岸坡。绿化混凝土设计强度等级应不低于C5、孔隙率不小于25%、护坡厚度100~150 mm。

(a) 刚施工完成的状况　　　　　　　　　(b) 植被长成后的状况

图 5-19　绿化混凝土护坡实景

2. 护脚工程

护脚工程通常采用抛石、沉枕、沉排和石笼等措施,新型的护脚形式主要有土工织物类坝。

1) 抛石护脚

抛石的范围一般从上端枯水位水边开始,下端则要根据整治河床地形而定。如深泓逼近河岸,抛石应达到深泓;如深泓远离河岸,抛石应抛至河底坡度为1:3~1:4处。见前面根石施工所述。

2) 沉枕护脚

抛沉柳石枕也是最常用的一种工程形式。沉枕是用柳枝、芦苇、秸料先扎成直径15 cm、长5~10 m的梢把(梢龙),每隔0.5 m捆扎一道篾子(16号铅丝),然后将其铺在枕架上,上面堆放块石,级配密实,石块上再放梢把,用14号或12号铅丝捆紧成枕。枕体两端应装大石块,并捆成布袋口形,以防枕石外漏。在制作时,加穿心绳(可用8号铅丝绞成),用来控制枕体沉放位置。常见沉枕结构如图5-20所示。

沉枕上端应在常年枯水位下0.5 m,以防最枯水位时沉枕外露而腐烂,其上还应加抛接坡石,沉枕外脚应加抛压脚石,避免河床被水流淘刷而使枕体下滚后悬空折断。最好在枕体上部加抛压枕石,以稳定枕体。

沉枕施工可以在岸上进行,也可以在水上进行。在岸上抛枕,捆枕时应预留穿心绳,

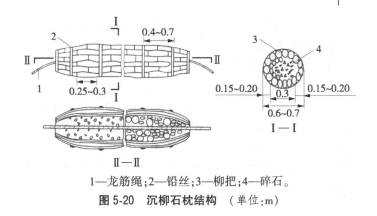

1—龙筋绳;2—铅丝;3—柳把;4—碎石。

图 5-20 沉柳石枕结构 (单位:m)

抛放时用人工拉着绳,自岸坡向防护地点滚下。在水上抛枕应采用抛枕船,在船上随捆随抛,在断面上按自外向内的顺序抛枕。沿河岸抛枕时,按先下游后上游顺序抛护。

沉枕护脚主要用于新河岸河段,凡险工段的水下部分过去未大量抛石,水下岸坡不是太陡(缓于 1:1),沉枕在斜坡上本身能够稳定下来,即使水深流急,也可采用沉枕护脚。

沉枕护脚能使水下掩护层联结成密实体,而且其具有一定的柔韧性,入水后可以紧贴河床,起到较好的防冲作用,同时易滞沙落淤,稳定性能好。缺点就是易滚动折断,一般仅能维持 10 年左右。

3)沉排护脚

沉排整体性、柔韧性和抗冲性能都较好,能适应河床的冲刷变形,且坚固耐用,具较长的使用寿命,故沉排是一种较好的护脚工事。沉排制作时,先用 13~15 cm 梢龙,扎成 1.0 m×1.0 m 的下方格,其交叉点用铅丝或麻绳扎紧,并在每一交叉点插木桩一个,桩长 1 m 以上,将捆扎下方格交点的绳头系在木桩顶上,用以扎紧上下方格。下方格扎好之后,在上面铺好梢料,一般铺三层,每层厚 0.3~0.5 m,各层梢料互相垂直放置,梢根向外,梢端向内。三层梢料压实后厚约 1 m,然后,在填料上扎制上方格,大小与下方格相同,互相对准位置,再解去木桩上的绳头,拔去木桩,用绳头捆扎上方格各交叉点,这样,上下方格和中间填料连接成的密实整体成为沉排。

沉排处河床岸坡不能太陡,否则容易引起滑排。一般岸脚边坡不陡于 1:2.0~1:2.5。沉排和沉枕一样,为避免干枯腐烂,应沉放在枯水位以下,由沉排顶部往上加抛接坡石,沉排外脚加抛压脚石,以防排体淘空而招致排体折断。

4)石笼护脚

用石笼护脚或修筑丁坝,在我国有悠久的历史。石笼不仅可以充分利用较小粒径的石料,而且具有较大的质量和体积,整体性和柔韧性均较好,并且能适应较陡的河岸,节约土地。

5)土工织布等新型护脚结构

目前国内在江河岸坡和丁坝的护底或护脚中所采用的土工织物合成材料防护结构,概括起来主要有土工织物软体排、土工织物土枕和土工合成材料石笼,这里不再一一介绍。

总之,护岸护脚的工程措施很多,选用时应根据工程的实际情况,综合考虑水流、河床组成等条件,采取合适的措施,使之发挥最大的作用。

新中国成立以来,黄河上修建的河道整治工程,已经发挥了显著作用,为除害兴利做出了贡献。弯曲性河段河势得到了控制,过渡性河段基本控制了河势,游荡性河段缩小了游荡范围。实践表明,在黄河下游采用微弯型整治方案,通过实践和不断创新所进行的河道整治是成功的。由于黄河是最复杂、最难整治的河流,尤其是游荡性河段,对尚未初步控制河势的河段,需要根据水沙条件及河势演变情况不断完善整治工程。

※黄河小知识

戴村坝为何有"中国第一坝"之美誉

戴村坝位于黄河下游支流大汶河、山东东平县南城子村附近。作为明清时期京杭大运河的心脏工程,大坝拦截大汶河,分级漫水,调蓄水量,被誉为"三分朝天子,七分下江南"。整个大坝为石结构,巨大的石料镶砌精密,石与石之间采用束腰扣结合法,把大坝锁为一体,雄伟壮观。该坝以其年代久远、技术含量高、保存完好,被中国大运河申请世界文化遗产考察组称为"中国第一坝"。

第六章

黄河下游堤防工程

第一节 黄河下游堤防基本情况

堤防是沿江、河、湖、海,排灌渠道或分洪区、行洪区边界修筑的挡水建筑物。其断面形状为梯形或复式梯形。堤防的主要作用是约束水流、控制河势、防止洪水泛滥成灾,或抗御风浪、海潮入侵等。堤防是一项重要的防洪工程措施,截至2020年,黄河下游堤防总长达1 500多km,其中重点堤防200多km。

一、堤防发展

在我国江河堤防中,以黄河下游堤防的历史最长、规模最大、体系最完善。历史上,由于黄河不断发生洪灾,劳动人民在同洪水斗争中修建了堤防。黄河下游堤防远在春秋中期已形成,战国、秦、汉逐渐完备,齐桓公三十五年(公元前651年)会诸侯于葵丘(今民权县境内),提出"无曲堤",说明濒河诸国均已筑堤。至五代北宋已有双重堤防,按险要与否分为"向著""退背"两类,每一类又分三等。到元、明堤防按位置及用途分成遥堤、缕堤、格堤、月堤、子堤、戗堤、刺水堤、截河堤等。

黄河下游堤防的沿革是与河道变迁及其形成密切相关的。现行河道自河南孟津至武陟沁河口是古代的禹河道;自沁河口至兰考东坝头,为明清时期的老河道;自东坝头至山东利津为清咸丰五年(1855年)黄河在铜瓦厢改道后的河道。右岸除孟津至郑州京广铁路桥为邙山山麓和山东东平陈山口至济南宋庄为山岭无堤外,其余两岸均修有堤防。这些堤防多是明、清两代逐步修建起来的,经过近代,尤其人民治黄以来的培修加固,已构成了一个比较完整的堤防系统。

黄河下游临黄堤是抵御洪水的主要屏障,现堤线长1 371.2 km,其中左岸堤长747 km,右岸堤长624.2 km。

二、堤防防洪标准及在防洪体系中的地位

(一)防护对象

自春秋修筑堤防以后,黄河河床逐渐淤积抬高,成了黄淮海平原上的脊梁,河流一经决口改道,就要在平原上发生大范围变迁。从周定王五年(公元前602年)黄河第一次大迁徙至1938年人为扒堤的2 540多年间,黄河决口泛滥年份有543年,发生较大改道26次,其中重大迁徙有5次。决溢改道泛滥范围北抵津沽,南达江淮,包括河北、河南、山东、安徽、江苏5省25万km²。据记载,以清道光二十三年(公元1843年),乾隆二十六年(1761年)洪水为最大,洪灾严重。1933年陕县发生22 000 m³/s的洪水,下游两岸发生多处决口,受灾面积110万km²,灾民270多万人。1938年,国民政府军队为阻止日军西侵,扒决黄河堤防,黄河夺淮入海,淹及豫、皖、苏3省44个县、市。现行河道是海河与淮河两大水系的分水岭,洪灾威胁范围约12万km²,区内居民人口8 000余万人。

在黄河下游堤防的防护区内,有开封、商丘、菏泽、济南、新乡、濮阳、聊城、滨州、东营等重要城市;有人口密集、耕地集中的黄滩海平原;有京广、京九、京沪、陇海等沟通全国的铁路干线;有中原、胜利两大油田。这些防护对象对于黄河堤防都有着较高的防洪要求。

（二）堤防防洪标准

黄河下游堤防的防洪标准取决于防护对象的重要性、洪水灾害的严重性及其影响，并与国民经济发展水平相联系。1946～1949年，在"确保临黄（大堤），固守金堤，不准开口"的方针指导下，战胜了1949年花园口站流量为12 300 m³/s的洪水。1950年又提出"以防御比1949年更大洪水为目标"，从1951年开始，曾多次作过黄河下游防洪规划，防御洪水的标准也多在20 000 m³/s以上，1958年花园口站发生22 300 m³/s洪水。1964年国务院关于黄河下游防洪问题的几项决定中，指出黄河下游防御洪水的标准为：确保花园口站22 000 m³/s的洪水不决口，对于超标准洪水，做到有措施、有对策，这个防御目标一直沿用至今。

根据1994年发布的国家《防洪标准》（GB 50201—1994），像开封、济南等这样特别重要的城市，上亿亩的耕地、4条铁路干线、2个大型油田，均属于一等防护对象，除农村要求重现期为50年一遇至100年一遇外，其他都要求在100年一遇以上。

黄河下游堤防现行的防御标准，在上游没有水库的条件下，其重现期相当于30年一遇，在干流三门峡水库及伊河陆浑水库发挥作用后，其重现期相当于50年一遇；在洛河故县水库建成后，重现期为60年一遇。

从保护对象的重要性、黄河防洪的特殊性和复杂性，参照国内外大江大河的防洪标准，综合考虑小浪底水库运行情况，在今后一定时期内，黄河下游的防洪标准继续采用防御花园口站22 000 m³/s洪水，符合黄河下游的实际情况。

（三）堤防在防洪体系中的地位

黄河下游防洪工程措施，除堤防工程外，还有河道整治工程、分滞洪工程以及中游干支流水库，已初步形成了"上拦下排、两岸分滞"的防洪工程体系。黄河下游发生洪水时，防汛决策部门首先考虑利用河道排洪，当洪水超过河道排洪能力时，则利用水库拦洪；当洪水超过滞洪区以下河道排洪能力时，则利用滞洪区削减洪峰。洪峰过后分滞洪区滞蓄的洪水及水库蓄水还要靠堤防约束的河道排泄入海。可见，河道排洪是防洪的最佳方案和首选措施。因而堤防工程在整个防洪系统中，是最基本的工程措施。

三、堤防工程级别的划分

堤防工程级别取决于防护对象（如城镇、农田面积、工业区等）的防洪标准，一般应按照现行国家《防洪标准》确定，堤防工程的级别可由表6-1查得。堤防工程的防洪标准应根据防护区内防洪标准较高防护对象的防洪标准确定，并进行必要的论证。一般遭受洪灾或失事后损失巨大、影响十分严重的堤防工程，其级别可适当提高；遭受洪灾或失事后损失及影响小或使用期限较短的临时堤防工程，其级别可适当降低。采用高于或低于规定级别的堤防工程应报行业主管部门批准；影响公共防洪安全时，尚应同时报水行政主管部门批准。

表6-1　堤防工程的级别

防洪标准/年	≥100	<100且≥50	<50且≥30	<30且≥20	<20且≥10
堤防工程的级别	1	2	3	4	5

另外,堤防工程上的闸、涵、泵站等建筑物及其他构筑物的设计防洪标准,不应低于堤防工程的防洪标准,并应留有适当的安全量。

※黄河小知识

最早的黄河大堤大约形成于什么时代?

西周时期,随着生产力进一步发展,黄河下游的肥田沃土被广泛开垦,都市村庄逐渐密集,为防御黄河洪水摆动,堤防开始出现。春秋时期,大量使用的金属工具和土石方工程技术,为堤防的筑建提供了便利。战国时期堤防初步连贯起来,各诸侯国并以"毋曲堤"为盟相互制约,防止以邻为壑。秦始皇统一中国后,拆除了阻碍水流的工事,各个诸侯国修建的黄河堤防得到统一。

第二节　堤防工程规划与设计

堤防工程的规划与设计主要包括堤防规划原则、堤线布置与堤型选择、堤防结构设计等内容。对于重要堤防,还须进行堤坡稳定分析、渗流计算和渗流控制措施设计等。

一、堤防规划原则

堤防规划中一般应遵循如下原则:

(1)堤防规划应纳入流域水资源综合开发利用规划中,防洪与国土整治和利用结合,力求在水库、分洪、蓄滞洪等防洪工程措施的协同配合之下,达到最有效、最经济地控制洪水的目的。

(2)堤防的上下游、左右岸、各地区、各部门都必须统筹兼顾。根据河流类型、河流不同河段的防护区在国民经济中的重要性,选定不同的防洪标准和不同的堤身断面。当所选定的防洪标准和堤身断面一时难以达到时,也可分期分段实现。

(3)保证主要江河的堤防不发生改道性决口,并确保对国民经济关系重大的主要堤防不决口。

(4)规划中应考虑到当堤防受到特大洪水袭击时,对超标准洪水采取临时性分洪、蓄滞洪等处理措施。并对分、滞洪区内群众的安全、建设和生产、生活出路等均应妥善安排。

二、堤线布置与堤形选择

(一)堤线布置

堤线的布置直接关系到工程的安全、投资和防洪的经济效益,同时也应考虑到汛期的防守与抢险便利。因此,在布置堤线时,应对河流的河势、河道演变特征、地质地貌条件以及两岸工农业生产和交通运输情况等进行详细的调查,作为堤防定线的依据。在具体设计中,应按照下述原则,进行多方案技术、经济论证后,择优选定。

（1）堤线布置应与河势相适应，并宜与大洪水的主流线大致平行。

（2）堤线布置应力求平顺，相邻堤段间应平缓连接，不应采用折线或急弯。

（3）堤线应布置在占压耕地少和拆迁房屋少的地带，并宜避开文物遗址，同时应有利于防汛抢险和工程管理。

（4）城市防洪堤的堤线布置应与市政设施相协调。

（5）堤防工程宜利用现有堤防和有利地形修筑在土质较好、比较稳定的滩岸上，应留有适当宽度的滩地，宜避开软弱地基、深水地带、古河道、强透水地基。

（二）堤型选择

堤防工程的形式应按照因地制宜、就地取材的原则，应根据堤段所在的地理位置、重要程度、堤址地质、筑堤材料、水流及风浪特性、施工条件、运用和管理要求、环境景观、工程造价等因素，经过技术经济比较，综合确定。加固改建扩建的堤防，应结合原有堤型、筑堤材料等因素选择堤型。城市防洪堤应结合城市总体规划、市政设施建设、城市景观与亲水性等选择堤型。相邻堤段采用不同堤型时，堤型变换处应做好连接处理。

根据筑堤材料，可选择土堤、石堤、混凝土或钢筋混凝土防洪墙、分区填筑的混合材料堤等；根据堤坡形式，可选择斜坡式堤、直墙式堤或直斜复合式堤等；根据防渗体设计，可选择均质土堤、斜墙式或心墙式土堤等，如图6-1所示。

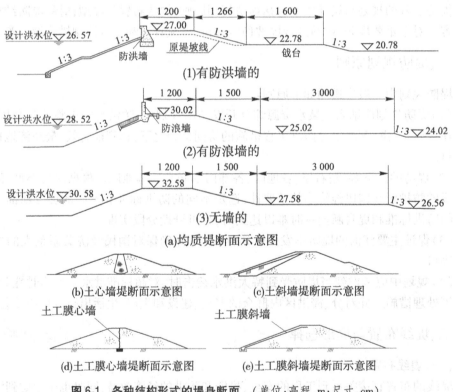

图 6-1　各种结构形式的堤身断面　（单位：高程，m；尺寸，cm）

同一堤线的各堤段可根据具体条件采用不同的堤型，在堤型变换处应做好连接处理，必要时应设过渡段。

三、堤防结构设计

(一)堤防级别与设防流量

黄河下游防洪保护区面积约为 12 万 km²,保护区内涉及冀鲁豫苏 4 省的 110 个县(市、区),人口 9 064 万人,耕地 1.119 3 亿亩。区内有河南省的新乡、开封、濮阳,山东省的济南、聊城、滨州、东营和江苏省的徐州等 8 个重要城市;分布着京广、陇海、京九和津蒲等重要铁路干线,中原油田、胜利油田、兖济和淮北煤田等重要能源基地,还有众多公路交通干线、灌排系统等。黄河一旦决口,洪灾损失非常巨大。根据《防洪标准》(GB 50201—2014)及《堤防工程设计规范》(GB 50286—2013),黄河下游临黄大堤防洪标准在 100 年一遇以上,相应的堤防级别为 1 级。

设防流量仍按国务院批准的防御花园口站 22 000 m³/s 洪水,考虑到河道沿程滞洪和东平湖滞洪区分滞洪作用,以及支流加水情况,沿程主要断面设防流量为:夹河滩站 21 500 m³/s,高村站 20 000 m³/s,孙口站 17 500 m³/s,艾山站以下 11 000 m³/s。

(二)设计防洪水位

与长江、珠江等清水河流不同,黄河下游河道不断淤积抬高,不同时期的设计防洪水位(简称设防水位)也不断升高,也就是说,设防水位是动态变化的。考虑到小浪底水库已经建成,在今后一定时期内下游河道不会明显淤积抬高,在小浪底水库下泄清水期间,下游河道冲刷下切,冲刷下切幅度沿程逐渐减弱,在设防水位达到最低值后,随着小浪底水库下泄水流含沙量的增大,下游河道逐渐淤积抬升,按小浪底水库设计成果,至 2020 年下游河道大约恢复至 2000 年水平,以后设防水位还会随之抬升。1949 年以来黄河下游河道多年平均淤积抬高速度为 5~10 cm/a,基本上是 10 年左右一修堤,每次加高 1 m,设防水位通常采用 10 年后的设防水位。由于小浪底水库的拦沙减淤作用,在 20 余年内,设防水位会经历下降、升高、恢复的过程。在下游河道恢复至 2000 年水平前的设防水位均采用 2000 年水平年的设防水位。黄河下游主要控制站 2000 年水平年设防流量及设防水位见表 6-2。

表 6-2 黄河下游主要控制站 2000 年水平年设防流量及设计防洪水位

站名	堤防桩号		设防流量/(m³/s)	设计防洪水位/m
	左岸	右岸		
铁谢		5+600	17 000	121.14
秦厂		邙山	22 000	101.52
花园口(基本断面)			22 000	96.25
花园口(CS34 断面)		13+000	22 000	95.65
柳园口		85+850	21 800	84.22
夹河滩(三)	188+580	112+900	21 500	79.52
石头庄	17+113		21 200	71.29
高村		207+900	20 000	66.38
苏泗庄		240+100	19 400	62.95
邢庙	124+200		18 200	58.11

续表 6-2

站名	堤防桩号		设防流量/(m³/s)	设计防洪水位/m
	左岸	右岸		
孙口		326+925	17 500	52.56
南桥	20+500	山	11 000	47.22
艾山	30+500	山	11 000	46.33
泺口	135+700	29+600	11 000	36.02
刘家园	174+000	75+700	11 000	31.82
道旭	276+000	173+700	11 000	21.30
利津	318+170	211+340	11 000	17.63
一号坝	345+000	238+017	11 000	14.62

注:1.水位为大沽高程系统。

2.花园口(CS34 断面)为花园口(基本断面)下移 3.14 km 后的断面。

（三）堤顶高程确定

根据《堤防工程设计规范》(GB 50286—2013)，设计堤顶高程为设计防洪水位加超高，超高为波浪爬高、风壅增水高度及安全加高三者之和。堤顶超高按下式计算：

$$Y = R + e + A \tag{6-1}$$

式中：Y 为堤顶超高，m；R 为设计波浪爬高，m；e 为设计风壅增水高度，m；A 为安全加高，m。

设计波浪爬高 R_P 按下式计算：

$$R_P = \frac{K_\Delta K_v K_P}{\sqrt{1 + m^2}} \sqrt{\overline{H}L} \tag{6-2}$$

式中：R_P 为累积频率为 P 的波浪爬高，m；K_Δ 为斜坡的糙率及渗透性系数，草皮护坡取 0.85；K_v 为经验系数，可根据风速 v(m/s)、堤前水深 d(m)、重力加速度 g(m/s²)组成的无量纲 $v/\sqrt{gd}$ 确定，可查表确定数值；K_P 为爬高累积频率换算系数，对不允许越浪的堤防，爬高累积频率宜取 2%，可查表确定数值；m 为斜坡坡率，$m = \cot\alpha$，α 为斜坡坡角（°）；$\overline{H}$ 为堤前波浪的平均波高，m；L 为堤前波浪的波长，m。

有关的风浪要素按《堤防工程设计规范》(GB 50286—2013)中的有关规定计算。

设计风壅增水高度 e 按下式计算：

$$e = \frac{Kv^2 F}{2gd}\cos\beta \tag{6-3}$$

式中：e 为计算点的风壅增水高度，m；K 为综合摩阻系数，可取 $K = 3.6 \times 10^{-6}$；v 为设计风速，按计算波浪的风速确定；F 为由计算点逆风向到对岸的距离，m；d 为水域的平均水深，m；β 为风向与垂直于堤轴线的法线的夹角，（°）。

各河段堤防超高计算结果见表 6-3。

依照计算并考虑处理超标准洪水情况，拟定各河段的堤防超高为：沁河口以上

2.50 m,沁河口至高村 3.00 m,高村至艾山 2.50 m,艾山以下 2.10 m。

表 6-3 黄河下游临黄大堤各河段堤防超高计算结果 单位:m

河段	波浪爬高	风壅增水高度	安全加高	计算超高	采用超高
沁河口以上	1.42	0.04	1.00	2.46	2.50
沁河口至东坝头	1.27	0.13	1.00	2.40	3.00
东坝头至高村	1.77	0.13	1.00	2.90	3.00
高村至艾山	1.50	0.05	1.00	2.55	2.50
艾山至前左	1.15	0.03	1.00	2.18	2.10

(四)堤防横断面设计

1.堤顶宽度

确定堤顶宽度主要考虑堤身稳定要求、防汛抢险、料物储存、交通运输、工程管理等因素。确定堤顶宽度的原则,在满足《堤防工程设计规范》(GB 50286—2013)的基础上,充分考虑防汛抢险交通、工程机械化抢险及工程正常运行管理的需要,黄河下游堤防是就地取土修筑而成的,沙性土较多,黏聚力差,一旦出现滑坡、坍塌等险情,其发展速度十分迅速。再者险情的发生往往带有随机性,从发现到开始抢护需要一定时间,而险情的发展却不等人,大堤本身必须要有一定的宽度。因此,在堤防宽度论证时,还考虑了防汛交通、抢险场地及工程管理等的要求。

黄河堤顶必须具有一定的宽度,以便抗御洪水,并满足防汛交通和抢险的需要,满足工程的正常运行和管理的需求。经综合考虑,设计堤防顶宽采用 10~12 m,左岸沁河口以上临黄堤、贯孟堤、太行堤上段,右岸东平湖附近河湖两用堤和山口隔堤、河口附近南展宽区及以下两岸堤防,堤顶宽度采用 10 m,其余堤防设计堤顶宽度采用 12 m。

2.堤防边坡系数

堤防边坡应满足《堤防工程设计规范》(GB 50286—2013)中渗流稳定、整体抗滑稳定的要求,同时要兼顾施工条件,并便于工程的正常运行和管理。《堤防工程设计规范》(GB 50286—2013)规定,1 级堤防的边坡不宜陡于 1:3。

黄河下游临黄堤堤基情况十分复杂,分析表明,当临背河堤坡为 1:3 时,各断面临河坡均可以满足抗滑稳定设计要求,背河坡有个别断面不能满足稳定要求,但防渗加固后均可满足要求。根据上述分析并参照国内外大江大河堤防边坡情况,堤防临背河边坡系数均采用 3。

(五)抗滑稳定分析

按照《堤防工程设计规范》(GB 50286—2013)和黄河下游防洪大堤堤线长、质量差、地质条件复杂等特殊情况,抗滑稳定计算分为正常运用和非常运用两种情况。抗滑稳定的安全系数 K 按照《堤防工程设计规范》(GB 50286—2013),要求 1 级堤防正常运用条件 $K \geq 1.3$,非常运用条件 $K \geq 1.2$。考虑到设计洪水与地震遭遇,设计标准明显过高,设计洪水与地震遭遇的概率很小,《堤防工程设计规范》(GB 50286—2013)规定的抗滑稳定安全系数是在多年平均水位遭遇地震的条件下取 $K > 1.2$。因此,在设计洪水与地震遭遇的校核情况下,安全系数采用 $K>1.1$。

根据已有地质资料和不同堤段情况,堤坡的稳定采用瑞典圆弧滑动应力法进行分析计算。当堤基中存在较薄软弱土层时,采用改良圆弧法,计算方法及原理见《堤防工程设计规范》(GB 50286—2013),在此不再介绍。

(六)筑堤土料

根据《堤防工程设计规范》(GB 50286—2013),均质土堤的土料宜选用黏粒含量为10%~35%、塑性指数为7~20的黏性土,且不得含植物根基、砖瓦垃圾等杂质;填筑土料含水率与最优含水率的允许偏差为±3%;铺盖心墙、斜墙等防渗体宜选用防渗性能好的土;堤后盖重宜选用砂性土。由于黄河下游滩地内土质多为沙壤土和少量中壤土,亚黏土较少,黏粒含量较低,很难满足规范要求,因此根据堤防附近料场情况灵活掌握,碾压后表面采用一层中壤土包边。按照临河截渗、背河导渗的原则,黄河下游堤防铺盖、斜墙等防渗体一般选用含黏量较大的黏土或重壤土,前戗一般选用中壤土,后戗及淤背体一般选用砂性土。近年来,黄河下游铺盖、斜墙及前戗修筑较少,堤防加固多为放淤固堤,由于放淤体较大,放淤土料一般为沙壤土,基本能满足要求。

四、堤防与各类建筑物的交叉、连接

建筑物穿过堤身必将增加堤防的不安全因素,所以应尽量避免穿堤形式而选用跨堤形式。当建筑物(涵闸、管道、泵站等)有穿堤需要时,则应尽量减少穿堤的数量,有条件的采取合并、扩建的办法处理,对于影响防洪安全的应废除或重建。

穿堤建筑物的变形对堤防的安全影响极大,为了减少基础的不均匀沉降变形,穿堤建筑物宜建于坚硬、紧密的天然地基上,或建在人工处理地基上,应采取措施使其安全;设置截流环、刺墙可以延长渗径长度和改变渗流方向并在下游设反滤排水,可以有效地防止接触面渗透破坏。

压力管道使用时将会产生震动,且有可能在洪水期沿管壁与土堤结合处产生渗水。各类加热管道如输油管、供热管道等,将会造成管周填土干裂,影响堤防安全,所以都必须在设计洪水位以上穿堤。

桥梁、渡槽、管道等跨堤建筑物,其支墩不应布置在堤身设计断面以内。需要布置在堤身背水坡时,必须满足堤身设计抗滑和渗流稳定的要求。与堤顶之间的净空高度应满足堤防交通、防汛抢险、管理维修等方面的要求。

五、附属工程设计

(一)防浪林

黄河下游河道堤距宽,在洪水期间,水面开阔,风浪对堤防的破坏相当严重。根据计算,风浪在堤防上的爬高可达 1.3~1.8 m。此外,黄河堤防历次加高培厚,多在临河一侧取土,在临河大堤附近形成了低洼地带及堤河,顺堤行洪危害增大。为此,需要在堤防平工段临河堤脚外建设防浪林带。

修建防浪林带,能够有效地防止风浪对堤防的破坏,减少堤防的防汛压力;在洪水漫滩后,能够有效地消耗水流能量,减缓顺堤行洪的流速,减轻水流对堤防的直接破坏;还能够有效地缓流落淤、加快沿堤低洼地带的淤积抬高,使槽高、滩低、堤根洼的不利局面得以改善。

黄河下游经过综合比较和分析,选择柳树作为防浪林的树种,临堤侧种植高柳,临河侧种植丛柳。该树种适宜在黄河滩区种植和生长,而且是防汛抢险时最常用也是最好用的料物之一。

根据黄河下游河道的具体情况,防浪林的宽度,高村以上宽河段为 50 m,高村以下为 30 m。

(二)堤顶道路硬化

为了有利于防洪抢险,需要对黄河下游临黄堤 1 级堤防的主要堤段进行堤顶路面硬化。为保护堤顶路面,主要的上堤路口也需进行硬化。

根据大堤防汛交通的车流情况,堤顶硬化参照三级公路设计有关标准,即行车道宽度一般为 5 m,路面宽为 6 m,路基为 6.5 m。荷载按汽-20 级挂-100 级设计。路面面层采用沥青碎石,厚度为 5 cm;基层采用石灰土,厚度为 30 cm。

(三)防汛道路

随着社会的进步,防汛抢险的手段有了很大的变化,由以前的以人工为主逐渐向以机械为主发展,在以后的防汛抢险中,机械化抢险将会越来越多地得以应用。黄河堤防与交通干线之间均有一定距离,直接通向大堤的道路多是乡间公路,甚至是未硬化的土路。多数公路路况较差,路面损坏严重,面层坑洼不平,大型防汛抢险车辆上堤多需绕行,大型机械优势将难以充分发挥,这与黄河堤防险情发展迅速,强调抢险时间的特点极不适合,必须修建防汛道路。黄河下游按沿堤线平均 15 km 安排一条抢险道路、每条长不超过 5 km 的标准控制建设规模。道路硬化参照三级公路设计有关标准。

(四)防汛屋

为满足堤防工程管理需要,《堤防工程设计规范》(GB 50286—2013)规定,3 级以上的堤防工程应沿堤线设置防汛屋,其间距、面积应按实际需要确定。

黄河下游堤防为特别重要的 1 级堤防,随着堤顶道路硬化及交通车辆的更新,交通条件不断改善,现建的防汛屋一般按 120 m²/km 的建设标准集中修建。

堤防规划设计还包括堤距的确定、渗流计算等,可参看《堤防工程设计规范》(GB 50286—2013),在此不再介绍。

※黄河小知识

黄河下游大堤为什么被称为"水上长城"?新中国成立后经过几次大修堤?

黄河下游由于是"悬河",河水主要靠两岸大堤的约束抵御。黄河大堤高居于黄淮海平原之上,是淮河、海河流域的天然分水岭,因此从抵御洪水的作用和所处的高度上,黄河大堤被形象地称为"水上长城"。

新中国成立后,黄河下游大堤先后进行了四次加高培厚。第一次是1950~1957年,第二次是1962~1965年,第三次是1974~1985年,第四次是1996~2018年。目前,下游临黄大堤总长1 371.2 km。

第三节　堤防施工

堤防施工的主要内容包括堤料选择与料场布置、施工放样与堤基清理、度汛与导流、堤身填筑、管理设施施工、质量控制、竣工验收等。

一、堤料选择与料场布置

堤料的选择原则,一方面要满足设计要求,另一方面应就地取材。一般黏性沙土及沙性黏土透水较小,容易压实,是筑堤的最好土料;沙土筑堤强度好,但透水性大,易发生管涌;黏土筑堤防渗性好,但易干裂、冻胀及滑坡。沙土、黏土均不宜单独用来筑堤。同分区土坝一样,用黏土料筑防渗体,用沙土料筑堤壳也是一种有效的方法。淤泥土、杂质土、冻土块、膨胀土等特殊土料,一般不宜用于筑堤身。另外,料场土料的自然含水量应与堤身压实最优含水量相适应,以保证压实质量;否则应采取调节措施。表6-4为筑堤土料的最优含水量和最大干容重。

表6-4　筑堤土料的最优含水量和最大干容重

土的类别	最优含水量/%	最大干容重/(kN/m³)
沙土	8~9	17.7~18.4
沙壤土	9~15	18.1~20.1
粉沙	16~22	15.8~17.7
壤土	12~15	18.1~19.1
重壤土	16~20	16.4~17.6
粉质壤土	18~21	16.2~17.1
黏土	19~23	15.5~16.7

开工前,应根据设计要求、土质、天然含水量、运距、开采条件等因素选择取料区;料场土料的可采量应大于填筑需要量的1.5倍。筑堤取土要保护好堤防两侧的护堤地或表层的天然防渗铺盖,很多工程由于在天然铺盖区内取土,而将铺盖层挖穿,造成堤防背水侧十分严重的管涌破坏。所以,根据设计要求在临水侧滩地上取土时,宜由远而近,取土坑宜宽浅不宜窄深,在垂直堤轴线方向,每隔一定距离应留土埝或通道,以避免水流淘刷临水侧滩地上的取土坑而形成近堤串沟,危及堤身安全。取土最好与改田造地相结合。另

外,不同粒径组的反滤料应根据设计要求筛选加工或选购,并需按不同粒径组分别堆放;取土区和弃土堆放场地应少占耕地,不得妨碍行洪和引排水。

二、施工放样与堤基清理

施工放样首先沿堤防纵向定中心线和内外边脚,并钉以木桩,误差不得超过规定值。根据不同堤形,相隔一定距离可设立一个堤身横断面样架,供施工人员参照。堤身放样时,应根据设计要求预留堤基、堤身的沉降量。

开工前应进行堤基清理,清理的范围包括堤身、铺盖、压载的基面,其边界应在设计基面边线外 30~50 cm。堤基表层的不合格土、杂物等必须清除,堤基范围内的坑、槽、沟等,应按堤身填筑要求进行回填处理。同时耙松地表,以利堤身与基础结合。如果堤线必须通过透水地基或软弱地基,应对堤基进行必要的处理,处理方法同土坝地基处理。

三、堤身填筑

(一)常用筑堤方法

1.土料碾压筑堤

土料碾压筑堤是将土料分层填筑碾压,用于填筑堤防的一种工程措施。它是应用最多的筑堤方法,是本章主要讲述的内容。

2.土料吹填筑堤

土料吹填筑堤是将浑水或人工拌制的泥浆引至人工围堤内,降低流速,沉沙落淤,用于填筑堤防的一种工程措施。吹填的方法有自流吹填、提水吹填、吸泥船吹填、泥浆泵吹填等。

3.抛石筑堤

抛石筑堤是利用抛投块石填筑堤防的一种工程措施。一般用在软基、水中筑堤或地区石料丰富的情况下。

4.砌石筑堤

砌石筑堤是采用块石砌筑堤防的一种工程措施。工程造价较高,一般用于重要堤防段或石料丰富地区。

5.混凝土筑堤

混凝土筑堤是采用浇筑混凝土填筑堤防的一种工程措施。工程造价高,用于重要堤防段。

(二)土料碾压筑堤

1.铺料作业

铺料作业中,应按要求将土料铺至规定部位,严禁将砂(砾)料或其他透水料与黏性土料混杂,上堤土料中的杂质应予清除,因为黏性土填筑层中包裹成团的砂(砾)料时,易形成堤身内积水囊,影响堤身安全;土料或砾质土可采用进占法或后退法卸料,砂砾料宜用后退法卸料;砂砾料或砾质土卸料时如发生颗粒分离现象,应将其拌和均匀;铺料厚度和土块直径的限制尺寸,宜通过碾压试验确定;在缺乏试验资料时,可参照表 6-5 的规定值;铺料至堤边时,应在设计边线外侧各超填一定余量,人工铺料宜为 10 cm,机械铺料宜为 30 cm。

表 6-5　铺料厚度和土块直径限制尺寸

压实功能类型	压实机具种类	铺料厚度/cm	土块限制直径/cm
轻型	人工夯、机械夯	15~20	≤5
	5~10 t 平碾	20~25	≤8
中型	12~15 t 平碾；斗容 2.5 m³ 铲运机 5~8 t 振动碾	25~30	≤10
重型	斗容大于 7 m³ 铲运机 10~16 t 振动碾；加载气胎碾	30~50	≤15

2.压实作业

施工前应先做碾压试验,验证碾压质量能否达到设计干密度值,若已有相似条件的碾压经验也可参考使用。分段填筑,各段应设立标志,以防漏压、欠压和过压。上下层的分段接缝位置应错开。碾压施工应符合下列规定:

(1)碾压机械行走方向应平行于堤轴线。

(2)分段、分片碾压,相邻作业面的搭接碾压宽度,平行堤轴线方向不应小于 0.5 m,垂直堤轴线方向不应小于 3 m。

(3)机械碾压时应控制行车速度,以不超过下列规定为宜:平碾为 2 km/h,振动碾为 2 km/h,铲运机为 2 挡。

(4)压实干密度、含水率的现场检查。黏性土可取土样以烘干法测出压实干密度、填筑含水率,砂砾石可通过挖坑置水法测出干密度,取样部位与数量可根据规范和具体情况而定,力求分布均匀、有代表性。按不同堤段划分的施工单元的压实质量合格标准应按表 6-6 执行。

表 6-6　土堤施工的单元工程压实质量合格标准

堤形	筑堤材料		干密度合格率/%	
			1、2 级土堤	3 级土堤
均质堤	新筑堤	黏性土	≥85	≥80
		少黏性土	≥90	≥85
	老堤加高培厚	黏性土	≥85	≥80
		少黏性土	≥85	≥80
非均质堤	防渗体	黏性土	≥90	≥85
	非防渗体	无黏性土	≥85	≥80

(5)机械碾压不到的部位,应辅以夯具夯实,夯实时应采用连环套打法、夯迹双向套压,夯压夯 1/3,行压行 1/3;分段、分片夯实时,夯迹搭压宽度应小于 1/3 夯径。砂砾料压实时,洒水量宜为填筑方量的 20%~40%;中细砂压实的洒水量,宜按最优含水量控制;压

实施工宜用履带式拖拉机带平碾、振动碾或气胎碾。

3.填筑作业技术要求

在填筑作业中,为了增加堤身的抗滑稳定性,当地面起伏不平时,应按水平分层由低处开始逐层填筑,不得顺坡铺填;堤防横断面上的地面坡度陡于1:5时,应将地面坡度削至缓于1:5。土堤填筑施工接头,容易形成质量隐患,要求分段作业面的最小长度不应小于100 m,人工施工时段长可适当减短;相邻施工段的作业面宜均衡上升,若段与段之间不可避免出现高差,应以斜坡面相接;不论采取何种包工方式,填筑作业面应分层统一铺土、统一碾压,并配备人员或平土机具参与整平作业,不允许乱铺乱倒,严禁出现界沟;为了使填土层间结合紧密,减少层间的渗漏,当已铺土料表面在压实前被晒干时,应洒水湿润;用光面碾碾压实黏性土填筑层,在新层铺料前,应对压光层面做刨毛处理;填筑层检验合格后因故未继续施工,因搁置较久或经过雨淋干湿交替使表面产生疏松层时,复工前应进行复压处理;严禁先筑堤身后压载,其目的是防止堤身在施工中失稳或堤基破坏等质量事故发生,因为滑坡后再处理,将十分困难。

堤身全断面填筑完毕后,应做整坡压实及削坡处理,并对堤防两侧护堤地面的坑洼进行铺填平整。

4.防渗工程施工

黏土防渗对于堤防工程来说主要是用在黏土铺盖上,而黏土心墙、斜墙防渗体方式在堤防工程中应用较少。黏土防渗体施工,应在清理的无水基底上进行,并与坡脚截水槽和堤身防渗体协同铺筑,尽量减少接缝;分层铺筑时,上下层接缝应错开,每层厚以15~20 cm为宜,层面间应刨毛、洒水,以保证压实的质量;分段、分片施工时,相邻工作面搭接碾压应符合压实作业规定。

5.反滤、排水工程施工

铺反滤层前,应将基面用挖除法整平,对个别低洼部分,应采用与基面相同土料或反滤层第一层滤料填平。反滤层铺筑应符合下列要求:

(1)铺筑前应做好场地排水、设好样桩、备足反滤料;

(2)不同粒径组的反滤料层厚必须符合设计要求;

(3)应由底部向上按设计结构层要求逐层铺设,并保证层次清楚,互不混杂,不得从高处顺坡倾倒;

(4)分段铺筑时,应使接缝层次清楚,不得发生层间错位、缺断、混杂等现象;

(5)陡于1:1的反滤层施工时,应采用挡板支护铺筑;

(6)已铺筑反滤层的工段,应及时铺筑上层堤料,严禁人车通行;

(7)下雪天应停止铺筑,雪后复工时,应严防冻土、冰块和积雪混入料内。

堆石排水体应按设计要求分层实施,施工时不得破坏反滤层,靠近反滤层处用较小石料铺设,堆石上下层面应避免产生水平通缝。

6.接缝、堤身与建筑物结合部施工

施工工段之间,由于开工先后或施工速度不同,难免在工段划分桩号附近出现填筑高差,如不重视,很容易在土堤内部产生贯通裂缝,对这种接缝进行处理是确保工程施工质量的重要环节。垂直堤轴线方向的各种接缝,应以斜面相接,坡度可采用1:3~1:5,高差大时宜用缓坡。土堤与岩石岸坡相接时,岩坡削坡后不宜陡于1:0.75,严禁出现反坡。

7.土工织物作业

随着材料科学的不断发展,土工织物在堤防建设中得到广泛应用。根据土工织物在堤防中所承担的任务,可分为土工合成加筋材料(土工织物、土工栅格、土工网)、防渗土工膜和作反滤层、垫层、排水层铺设的土工织物等。

土工膜防渗施工应符合下列要求:

(1)铺膜前,应将膜下基面铲平,土工膜质量也应经检验合格;

(2)大幅土工膜拼接,宜采用胶接法黏合或热元件法焊接,胶接法搭接宽度为5~7cm,热元件法焊接叠合宽度为1.0~1.5cm;

(3)应自下游侧开始,依次向上游侧平展铺设,避免土工膜打皱;

(4)已铺土工膜上的破孔应及时粘补,粘贴膜大小应超出破孔边缘10cm;

(5)土工膜铺完后应及时铺保护层。

土工织物作反滤层、垫层、排水层铺设应符合下列要求:

(1)土工织物铺设前应进行复验,质量必须合格,有扯裂、蠕变、老化的土工织物均不得使用;

(2)铺设时,自下游侧开始依次向上游侧进行,上游侧织物应搭接在下游侧织物上或采用专用设备缝制;

(3)在土工织物上铺砂时,织物接头不宜用搭接法连接;

(4)在土工织物长边宜顺河铺设,并应避免张拉受力、折叠、打皱等情况发生;

(5)土工织物层铺设完毕,应尽快铺设上一层堤料。

※黄河小知识

"开封城,城摞城",形象表述了历史上开封因黄河溃决而数次被淹没的场景,其地下叠压的分别是哪几座城池?

历经几千年考古发掘,我国考古学家在古都开封发现,地下3~12m处,上下叠压着6座城池,包括3座国都、2座省城及1座中原重镇,构成了"开封城,城摞城"的奇特景观。这些城池分别是,战国时期魏国大梁城、唐代汴州城、五代及北宋时期东京城、金代汴京城、明代开封城和清代开封城。

第四节　堤防管理与堤防加固

一、堤防管理

堤防的安全条件和土坝一样,受江河水位的涨落和流势的影响,常会引起迎水坡和滩地被顶冲淘刷甚至崩塌。另外,堤身施工中难免有质量达不到要求之处,且堤身大部延绵于旷野,易遭人类活动、兽、虫等损害,存在堤防隐患,使堤防渐渐降低了防洪的标准。为了防止效益的降低,必须进行日常的检查、养护,适时的维修管理和绿化等工作。

(一)堤防的检查

堤防的检查,包括外表检查和内部隐患检查。

1.外表检查

外表检查又可分经常性检查、临时性检查和定期检查。

1)经常性检查

经常性检查包括平时检查和汛期检查,平时检查时应着重检查堤防险工、险段及其变化情况和堤段上有无雨淋沟、浪窝、洞穴、裂缝、渗漏、滑坡、塌岸以及堤基有无管涌及流土等渗流现象。此外,还应检查新堵塞的路口、沟口的质量是否符合要求。

堤防上的涵闸等建筑物应与堤防检查同时进行,要注意涵洞、水闸等有无位移、沉陷、倾斜或裂缝,涵闸等与土堤联结部分有无沉陷、漏水与淘空等缺陷。并注意基础、护坦有无淘空或冲毁,引水渠有无刷深或淤积,必要时可抽水进行检查,涵闸启闭设备能否正常运行等。

2)临时性检查

临时性检查主要包括在大雨中和台风、地震后的检查。检查时基本上应按平时检查内容,但应着重检查有无雨淋沟、跌窝、沉陷、淘脚、裂缝、崩塌及渗漏等。对于沿海地区的海塘(海堤)及江河有护岸工程的,还应对护岸工程进行检查。

3)定期检查

定期检查包括汛前、汛后或大潮前后的检查。汛前或大潮前的检查除对工程进行全面、细致的检查外,还应对河势变化、防汛物料、防汛组织及通信设备等进行检查。若发现工程有弱点和问题,应及时采取措施。汛后或大潮后,应对工程进行详细检查、测量,摸清堤防损坏情况。有防冰凌任务的河道,在溜冰期间,应观测河道内的冰凌情况。

2.内部隐患检查

内部隐患检查可采取人工锥探或机械锥探进行。

1)人工锥探

人工锥探是我国黄河修防工人在实践中创造的,是了解堤内隐患的一种比较简单的钻探方法。人工锥探的主要工具为钢锥,用直径 12~19 mm、长 6~10 m 的优质圆钢制成。采用人工锥探时,一般应注意以下各点:

(1)锥眼位置应根据具体情况作适当布置,一般可布置成梅花形,孔距 0.5 m;

(2)锥探应保证锥眼垂直,并达到需要的深度;

(3)为便于结合进行灌浆处理,锥眼应保证畅通无阻;

(4)打锥时如发现堤内有特殊情况,应插上明显标志,并做好记录,以便进一步追查与处理。

2)机械锥探

机械锥探一般采用打锥机,其操作方法如下:

(1)挤压法,通常在土层中使用。将锥杆直接压入堤身,达到要求深度起锥,待锥头离开地面后,移动机架,更换孔位。在一般情况下,包括移动孔位时间在内,每分钟可锥完一孔。

（2）锤击法，通常在硬土层中使用。将锥杆立在孔位上，利用打锥机带动吊锤进行锤击，达到要求深度后，用打锤机起拔锥杆。

（3）冲击法，通常在比较坚硬土层中使用。先用锤击法压锥入地几十厘米后，使锥与锤联合动作，同时起锥提锤，进行冲击锥进。

上述三种方法与人工锥探相比，提高工效3~5倍。不足的是，不易判别堤身隐患情况，且在堤坡上打锥也有一定困难。

3.堤防隐患探测新技术简介

1）ZDT-1型智能堤坝隐患探测仪

该仪器是在电法探测堤防隐患技术进行研究的基础上，结合电子、计算机技术，完善、提高常规电法仪器的功能和技术指标，研制成功的集单片计算机、发射机、接收机和多电脑切换器于一体的高性能、多功能的新一代智能堤防隐患探测仪器。可测埋深与直径比为30∶1，堤防普测速度可达每15 min 100 m。

2）用瞬变电磁法（TEM）和瞬态瑞雷面波（rayleigh wave）探测堤防软弱层

根据软弱层的物性特点，结合国内外先进物探技术，用瞬变电磁法（SD-1型瞬变电磁仪）快速普查软弱层分布范围；用瞬态瑞雷波法对堤身相对强度、软弱层分布位置进行探测。探测深度可达30 m以上，分辨率可以达到1~2 m，并且可以提供各层土的动弹模量、泊松比等动力参数。

3）地质雷达探测堤坝隐患技术

地质雷达与军用探空雷达的工作原理相似，利用电磁波反射来判断地下的情况。高频电磁波在地下传播，遇到不同的物质目标，反射回来的波速、波频不同，通过计算机数据处理，透视地表以下50 m深度内的地质结构，精度极高。地质雷达及其电磁透视法应用于工程地质、灾害地质探测和环境地质评价。

（二）堤防隐患的处理

1.隐患的类型

堤防中的隐患通常有下述几种：

动物洞穴，害堤动物有狐、獾、鼠、蛇等，其洞穴直径一般为10~50 cm，洞身纵横分布，有的互相连通或横穿堤身，形成漏水通道，危害堤防。

1）白蚁穴

白蚁巢穴不但有直径大至0.8~1.5 m的主巢，而且周围还有许多副巢，副巢有蚁路四通八达，甚至横穿堤身，涨水时水沿蚁路浸入堤身，即形成漏洞，引起塌坑，常常由此导致堤防决口。

2）人为洞穴

主要有排水沟、防空洞、藏物窖、宅基、废井、坟墓等，这些洞穴往往埋藏在大堤深处，汛期一旦临水，很易发生漏洞、跌窝而引起堤身破坏。

3）暗沟

修堤局部夯压不实，或留有分界缝，或用泥块填筑，造成堤身内部隐患，雨水或河水渗入后，逐渐形成暗沟，洪水时期极易产生塌坑和脱坡。

4）虚土裂缝

修堤时由于土料选择不当,夯压不均匀,或培堤时对原堤坡未铲草刨毛,以致新旧土接合不紧或有架空现象,或由于干缩、湿陷而引起不均匀沉陷,一到汛期,也易产生渗漏及脱坡等险情。

5）腐木空穴

堤内埋有腐烂树干、树根,年久形成洞穴,盘根错节的蔓延更广,危害也大。

6）接触渗漏

堤上涵洞周围回填土质量不好,造成接触面产生裂缝漏水。

7）堤基渗漏

由于口门堵复时埋藏的秸料、石料,或堤身与地基结合不好,或地基土层为管涌性土等因素,易产生堤基严重渗漏,引起管涌、流土,甚至脱坡等险情。

8）堤内渊塘

在基础为透水地层时,渊塘长期积水,易于形成渗透破坏。

2.处理措施

处理措施一般有灌浆和翻修两种。有时也可采用上部翻修、下部灌浆的综合措施。

1）充填灌浆

对于堤身蚁穴、兽洞、裂缝、暗沟等隐患,如翻修比较困难,均可采用灌浆方法进行处理。一般可结合锥探进行。

充填灌浆的机制是:浆液在灌浆压力作用下,一方面可以挤开坝内土体,形成浆路,灌入对坝体中的裂缝、孔隙或洞穴均有良好的充填能力的浆液,同时在较高的灌浆压力作用下,可使裂缝两侧的坝内土体和不相同的缝隙也因土壤的挤压作用而被压密或闭合。

灌注的泥浆要求有足够的流动性,具有适当的凝固时间,在灌注过程中不凝固堵塞,灌注后又能较快凝固并有一定的强度;凝固时体积收缩量小,析出水分少,能与缝壁的土体胶结牢固。适宜的制浆土料以粉质黏土与重粉质壤土比较合适,黏粒含量为 20% ~ 30%,砂粒在 10% 以下,其余为粉粒。

泥浆的拌制,一般用湿法制浆,即将黏土浸泡 4~8 h 后,放入搅拌机中拌制泥浆。

对于堤表层可见的裂缝,孔位一般布置在裂缝的两端、转弯处、缝宽突然变化处及裂缝密集处。堤内部的裂缝宜在堤顶上游侧布置 1~2 排孔。孔距由疏到密,最终孔距以 1~3 m 为宜,孔深应超过缝深 1~2 m,孔径为 16~60 mm。灌浆的钻孔一般要求干钻以保护堤身。

一般的施灌工艺流程见图 6-2。

充填灌浆相对其他灌浆方式压力要求较低,其大小要在施工前根据工程情况进行计算或通过试验确定。压力过小,裂缝充填不密实;压力过大,往往造成冒浆、裂缝,破坏堤防结构。灌浆的起始压力宜采用 1.5~2.0 倍设计压力,疏通被钻孔堵塞的缝隙,然后恢复正常压力。

黏土灌浆一般采用孔内纯压式。为了弥补压力低、浆液稀、泥浆体缩率高的缺点及避免在灌后重新在结合面上出现裂缝,一般需要灌浆历时长、复灌次数多、孔距密。这种"低压多复"的灌浆的方式可保证裂缝充填密实。

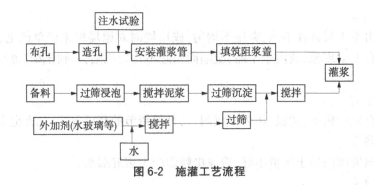

图 6-2 施灌工艺流程

2) 劈裂灌浆

劈裂灌浆是利用堤身的最小主应力面和堤轴线方向一致的规律,以土体能被水力劈裂的原理,沿堤轴线布灌浆孔,在灌浆压力下以适宜的浆液(一般为泥浆)为能量载体,有控制地劈裂堤身,灌入浆液,在堤身形成密实、竖直、连续、有一定厚度的浆液防渗固结体,同时与浆脉连通的所有裂缝、洞穴等隐患均可被浆液充实。

堤身劈裂灌浆防渗处理,多采用单排布孔,孔距 5~10 m。在弯曲堤段,则应适当缩小孔距。劈裂灌浆和锥探灌浆的浆液多采用土料浆,根据不同的需要,在灌浆中可掺入水泥和各种外加剂。灌浆孔口的压力大小,以产生沿堤线方向脉状扩散形成一连续的防渗体,但又不得产生有害的水平脉状扩散和变形为准,需由现场灌浆试验或施工前期确定,包括起始劈裂压力、裂缝的扩展压力、最大控制灌浆压力。堤防灌浆压力多为 0.1~1 MPa。堤身劈裂灌浆应"少灌多次",分序灌浆,推迟坝面裂缝的出现和控制裂缝的开度,并在灌后能基本闭合。钻孔一次成孔,孔径一般为 60~130 mm。所有灌浆钻孔均需埋设孔口管,以便施加较大的压力。

这种方法造价低廉、施工方便,但防渗体厚度较小和强度较低。适用于处理堤身浸润线出溢点过高,有散浸现象、裂缝(不包括滑坡裂缝)和各种洞穴的堤防加固中。

3) 翻修

翻修是将隐患处挖开,重新进行回填。这是处理隐患比较彻底的方法,但对于埋藏较深的隐患,由于开挖回填工作量大,且限于在枯水季节进行,是否宜于采用,需根据具体条件进行分析比较后,方可确定。

翻修时的开挖回填应注意下列几点:

(1)根据查明的隐患情况,决定开挖范围。开挖中如发现新情况,必须跟踪开挖,直至全部挖除净为止,但不得掏挖。

(2)开挖时应根据土质类别,预留边坡和台阶,以免崩塌。

(3)在汛期一般不得开挖,如遇特殊情况必须开挖,应有安全措施并报请上级主管部门批准。

(4)回填前,如开挖坑槽内有积水、树根、苇根及其他杂质等,应彻底清除。

(5)回填时,原则上不要使用开挖出来的土料,但如挖出的土料经鉴定仍符合要求,则亦可采用;回填应保证达到规定的容重;新旧土接合处,应刨毛压实,必要时应做接合槽,以保证紧密结合,防止渗水。

（6）回填后，高度应略高于原堤面，以防沉陷。

（三）堤防绿化

堤防绿化是固堤的一项重要措施，是堤防管理工作的重要内容之一。树木、草皮齐全，生长旺盛，也是检验堤防管理工作水平的一个方面。切实搞好堤防绿化，能兼收抢险备料，改善环境，增加收入，降低工程造价和管理费用的综合效果。

堤防绿化是为增强堤防抗御雨水、洪水冲蚀的一种生物措施。在汛期高水位时，能够削减风浪对堤身的拍击、冲刷能量，增强堤身固结和抗御冲刷能力。根据试验观测，良好的防浪林带能削减浪高的 80%～90%。通过在堤身营造灌木植草，能够在暴雨骤降时，承受雨水对堤面的冲刷，防止水土流失及水沟、浪窝的发生。

堤防绿化的基本原则是"临河防浪，背河取材，积极培育料源"。要大力植树造林，临河护堤地应栽种耐水性强的防浪林带，林带宽度以不得妨碍河道行洪能力为原则。如种植柳树、风杨或水杉等，其均具有抗淹能力强且枝叶繁茂的特点。背河护堤地应栽种用材林或经济林，提供抢险料源。栽种树木的行距与株距以不妨碍防汛抢险为原则。背河护堤地种植树种较多的有杨树、槐树、榆树、柳树、桐树和椿树等。堤坡种植草皮，以增加抗冲能力，减少雨水对土堤的冲刷。常种的草有扒根草、苗草、龙须草等。在堤坡种植经济灌木时，其行距也以有利防止冲刷且不影响防汛抢险及检查观测为原则。堤防绿化应在有利防洪抢险的原则下，统一栽种，统一砍伐，做到规格化、标准化。

二、堤防加固

黄河下游堤防历史悠久，随着黄河河道变迁，历代不断修建加固。现行兰考东坝头以上河道两岸的堤防建于明清时期，已有 500 多年历史；东坝头以下堤防是 1855 年铜瓦厢决口改道后修筑的，也有 150 多年的历史。现有堤防对保护两岸人民的生命财产安全和黄淮海大平原的社会稳定与经济发展起到了巨大作用。

黄河泥沙淤积，河床不断抬高，致使两岸堤防不断加高培修。对堤防的不断培修加固，力保防洪安全，一直是黄河下游治理工作中的一项主要内容。目前，黄河下游堤防高度一般为 6～10 m，最高超过 14 m，临河滩面与背河地面高差一般为 4～6 m，最大为 10 m。为解决下游堤防"漫决"的威胁，人民治黄以来，对堤防高度不足的堤段不断进行加高培厚，改善黄河下游堤顶高程不足的问题。但堤身存在洞穴或空洞，堤基形成强透水层等隐患，大大削弱了堤防的抗洪能力，堤防的除险加固工作任重道远。

（一）堤防加高培厚

经分析论证确定堤防加固高度后，应根据安全可靠、因地制宜的原则选择加固断面的结构形式。堤防加高的断面形式选择应通过技术经济比较后确定。

1.按均质堤形加高

1）背水面培厚加高

背水面培厚加高形式具有土源相对丰富、施工方便的优点，但也应注意防止新老结合面成为渗流薄弱面。

堤身培厚加高的布置见图 6-3。堤顶宽度按本章第二节内容确定，堤坡可拟定为 1:3，经稳定计算后确定。堤高大于 6 m 者，背水坡应设戗台，其顶宽不小于 2 m，戗台的顶高程应在设计水位时的渗流出逸点以上。浸润线与渗流出逸点应通过计算确定。原堤防临水坡应按加高设计坡度整坡,背水坡则应挖成台阶状,按1:3.0的坡连接。

2)临水面培厚加高

当河道整治需要或背水坡有其他工程设置无法培厚时,可考虑在临水面培厚堤防,断面布置如图6-4所示。若需在临水面滩地取土,为了保护滩地的天然铺盖作用,取土范围应在堤脚50 m以外,取土深度不超过1.5 m。土料的渗透系数应小于或相当于原堤土料的渗透系数。原堤防背水坡应按加高设计坡度削坡,临水坡应挖成台阶状,按缓于1:3.0的坡连接,以利于新、老堤身的结合。培厚加高后的临水坡的稳定复核计算,应考虑设计水位降落时的反向渗透力及土体结合面浸水后的抗剪强度的降低。汛期退水时应加强对临水面培厚加高堤段的观察。

图6-3 背水面培厚加高均质堤断面示意图　　　图6-4 临水面培厚加高均质堤断面示意图

2.按复式堤形加高

将原堤防按黏性土斜墙复式断面加高,其断面形式如图6-5所示。斜墙土料宜选择黏粒含量小于15%~30%的亚黏土或黏粒含量小于30%~40%的黏土。支承体宜选择最大粒径小于60 mm级配较好的砂砾石。黏性土斜墙底部应伸入原堤身1 m,斜墙底宽2~3 m,具体可按接触渗径大于1/4~1/3的水头计算,顶宽1 m,斜墙顶部应高出设计水位0.5 m。砂砾石堤体的背水坡也应设置贴坡排水与反滤层。

图6-5 背水面培厚加高的黏土斜墙复式堤断面

(二)吹填固堤

吹填固堤也称机淤固堤,是利用泥浆泵将河流中或河床质的水沙,通过管道送到堤防背水侧的淤区,以达到加大堤身断面、加固堤防的目的。机淤取土有简易吸泥船、小泥浆泵、挖泥船等几种方式。图6-6为简易吸泥船吹填固堤断面。

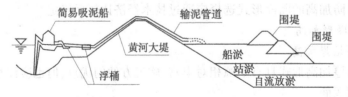

图6-6 黄河下游吹填固堤断面

(三) 前后戗工程

前后戗工程也是中外工程界经常用于加固堤防的工程措施,它和吹填都属于盖重加固类型。其主要区别是吹填固堤的淤筑体断面大,体积大,土料含水量很大,经固结排水后不进行土料压实,所以它的密度较小。而前后戗工程是人工或机械填筑的,土料进行压实,戗体体积小于筑体体积。

在堤身单薄背水坡渗流出逸点位置较高时,可用修筑前戗或后戗的方法来加固堤防。

后戗顶部高程一般在渗流出逸点 0.5 m 以上,戗顶宽度不小于 3~6 m,边坡1:3~1:5。后戗填筑施工与筑堤的要求基本相同,其区别是土料尽量采用透水性较强的砂性土。如果当地粗砂料源丰富,最好在后戗的底部铺一层 0.5 m 厚的粗砂层,则排水效果好,可降低堤身和戗体的浸润线位置。

前戗顶应高出设计洪水位 0.5~1.5 m。前戗土料应选用透水性小的黏土,以便截渗。其他施工要求与筑堤相同。对前后戗填土压实时的干密度要求,应与本堤段大堤的填土要求相同。

(四) 标准化堤防建设

2002 年黄河水利委员会确定建设黄河下游标准化堤防,即通过对堤防实施堤身帮宽、放淤固堤、险工加高改建、修筑堤顶道路、建设防浪林和生态防护林等工程,构造"防洪保障线、抢险交通线和生态景观线",形成标准化的堤防体系确保黄河下游防御花园口站 22 000 m³/s 洪水时安全度汛,构造维护可持续发展和维持黄河健康生命的基础设施,达到人与自然和谐。防洪保障线,强调防洪保安全,是标准化堤防建设的首要任务,其基本标准是:堤顶帮宽至 12 m,堤顶硬化宽度 6 m,堤顶两侧各种植一行风景树,堤肩种植花草;平工段临河种植 50 m 宽防浪林;背河为 100 m 宽淤区,淤区高程与 2000 年设防水位平,淤区成品后种植适生林;抢险交通线,即在堤防上修建道路,为防洪抢险服务,用于防汛抢险车辆的交通运输;生态景观线,指大堤行道林、背河护堤地的抢险取材林以及淤背体的适生林建设。

截至 2012 年,黄河下游已完成标准化堤防建设 714 km,2012 年,国家又批准了《黄河下游近期防洪工程建设初步设计》,启动了新一轮黄河防洪工程建设,建设完成标准化堤防 209 km。黄河标准化堤防建设是"三条黄河"建设的重要组成部分,是维持黄河健康生命、打造母亲河健康体魄的重要手段之一。

黄河标准化堤防工程从 2002 年开工,分一期和二期建设,总长度 1 147 km(其中山东661 km、河南 486 km)。第一期标准化堤防建设长度 287 km,于 2005 年汛前全面完成,实现了郑州、开封、济南、菏泽东明段标准化堤防的全线贯通;第二期标准化堤防建设长度860 km,于 2005 年开工,至 2009 年完成全部主体工程。

黄河标准化堤防建设是新时期实施治黄规划、提高堤防防洪能力的一项重大举措,对进一步完善黄河防洪工程体系,确保黄河安澜,促进沿黄区域经济社会的可持续发展具有十分重大的意义。

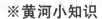

※黄河小知识

黄河下游标准化堤防是何时开始修建的？哪一段被评为"鲁班奖"？

2002 年，国务院批复《黄河近期重点治理开发规划》，将放淤固堤作为黄河下游加固堤防的主要措施。根据这一要求，黄河水利委员会提出将下游两岸大堤建成集防洪保障线、抢险交通线、生态景观线三种功能于一体的标准化堤防体系，确保黄河下游防御花园口站 22 000 m³/s 洪水大堤不决口。标准化堤防建设包括放淤固堤、堤防帮宽、险工改建、堤顶硬化、防浪林和林木种植等多项工程。一期工程于 2002 年 7 月开工，涉及黄河南岸郑州至开封段 159 km 和山东菏泽、东明、济南段 128 km 重要堤段。

山东济南黄河标准化堤防建设，荣获 2009 年国家建设工程"鲁班奖"，是我国大江大河堤防工程首次获此殊荣。工程建成后，该河段防洪能力得到明显加强，改善了生态环境，成为水利建设与生态建设相结合的典范。

第七章

黄河下游防汛抢险

第一节 防汛与抢险工作

防汛,是在汛期掌握水情变化和工程状况,做好水量调度和加强建筑物及其下游安全度汛工作;抢险是在建筑物出现险情时,为避免失事而进行的紧急抢护工作。

一、防汛指挥机构

《中华人民共和国防汛条例》规定,我国防汛抗洪工作实行各级人民政府行政首长负责制,统一指挥、分级分部门负责。防汛工作实行"安全第一,常备不懈,以防为主,全力抢险"的方针,遵循团结协作和局部利益服从全局利益的原则。

防汛指挥是防汛工作的核心,正确发挥其职能是防汛成功的关键,如果防汛工作不当或指挥调度失误将造成不可挽回的损失,同时其他职能部门需要通力合作,才能取得防汛抗洪的胜利。

防汛指挥工作担负着发动群众,组织社会力量,从事指挥决策等重大任务,而且需要进行多方面的协调和联系。因此,需要建立强有力的组织机构,担负有机的配合和科学的决策,做到统一指挥,统一行动。建立和健全各级防汛指挥机构并明确其职责是取得防汛抗洪斗争胜利的关键。防汛指挥机构如下。

(一)国务院设立国家防汛总指挥部

国家防汛总指挥部负责组织领导全国的防汛抗洪工作,其办事机构设在国务院水行政主管部门。

(二)地方人民政府设立防汛指挥部

有防汛任务的县级以上地方人民政府设立防汛指挥部,由有关部门、当地驻军、人民武装部负责人组成,由各级人民政府首长担任指挥。各级人民政府防汛指挥部在上级人民政府防汛指挥部和同级人民政府的领导下,执行上级防汛指令,制定各项防汛抗洪措施,统一指挥本地区的防汛抗洪工作。

各级人民政府防汛指挥部办事机构设在同级水行政主管部门;城市市区的防汛指挥部办事机构也可以设在城建主管部门,负责管理所辖范围的防汛日常工作。有防汛任务的地方人民政府应当组织以民兵为骨干的群众性防汛队伍,并责成有关部门将防汛队伍组成人员登记造册,明确各自的任务和责任。

(三)各大江河流域结构汛指挥部

长江和黄河,可以设立由有关省、自治区、直辖市人民政府和该江河的流域管理机构(以下简称流域机构)负责人等组成的防汛指挥机构,负责指挥所辖范围的防汛抗洪工作,其办事机构设在流域机构。长江和黄河的重大防汛抗洪事项须经国家防汛总指挥部批准后执行。国务院水行政主管部门所属的淮河、海河、珠江、松花江、辽河、太湖等流域机构,设立防汛办事机构,负责协调本流域的防汛日常工作。

二、防汛准备工作

防汛工作具有长期性、群众性、科学性、艰巨性和战斗性等特点,因此防汛的准备工作应贯彻"以防为主、防重于抢"的方针,立足于防大汛、抢大险的精神去准备。防汛准备工作是在防汛机构领导下,按照防御设计标准的洪水去做好各项准备工作。其工作内容除要加强日常的工程管理,维护河道排洪能力,清除阻水障碍,做好工程岁修加固,维护工程完整安全外,在汛前还要着重做好以下几个方面的工作。

(一)制订防守方案

对于汛期可能出现的各类洪水,均应制订相应的防守方案。在汛期除出现超标准的洪水外,常将汛期洪水分为若干个等级,分别采用若干个防守措施,以利防守时既能保证安全,又不至于造成过大的浪费。一般采用三级水位作为三个防守等级。

1.设防水位

当洪水上涨至堤脚时的水位,称为设防水位。此时标志堤防开始承受洪水的威胁,需要开始布置一定的人员进行巡查防守,并根据水情预报进一步做好防汛组织工作,以防御更大洪水。

2.警戒水位

警戒水位是设防水位和设计防洪水位之间的某一水位。此时堤防下部受洪水淹没,可能会出现一些险情,需要提高警惕、加强戒备、密切注意河势工情及水情变化,并进一步检查、落实各项防守工作以迎接更大洪水。

3.保证水位

当洪水位上升达到设计防洪水位时的水位,称为保证水位。此时堤防受到洪水的严峻考验,各种险情都可能发生,防汛十分紧张,需要组织广大群众,全力以赴战胜洪水,确保安全。

以上三种不同水位的具体防守措施,均应在入汛之前制订出来,以免临时措手不及。

(二)做好群众的思想发动工作

防汛是人与洪水之间进行的斗争,稍有疏忽都可能带来无法挽回的损失和严重的灾害,因此必须充分做好人的思想工作。在入汛之前就要对参加防汛的所有人员,尤其是群众防汛人员进行防汛教育,使其充分认识到防汛的重大意义,明确防汛的目标和任务,了解防汛的新情况、新特点和新问题,树立"宁可水不来,不可我不备"的精神,同时要坚定胜利的信心去迎接防汛的斗争。

在汛期,较大洪水未来之前,要克服麻痹思想和侥幸心理。因为设计洪水并非年年出现,群众中极易滋生懈怠的思想,严重地影响防汛队伍的战斗力,一旦出现较大洪水往往惊慌失措。因此,要教育防汛人员建立常备不懈、有备无患的思想,做到"召之即来,来之能战,战之必胜"。

此外,在汛期还要随时进行调查研究,摸清防汛队伍中存在的各种问题,然后根据实际情况,采取灵活的、有针对性的方式进行宣传,并及时地妥善处理,保证防汛工作的顺利进行。

(三)做好组织工作

防汛工作是一项群众性的工作,要依靠所在的党、政领导和群众防汛的组织工作,主要是指防汛队伍的建立。应抓好防汛基干班、抢险队和预备队的组织工作。

(1)防汛基干班是防汛的基本骨干力量。主要任务是担任巡堤、查险、抢险和堵决等工作。

（2）抢险队是防汛的机动战斗力量。主要任务是抢险，在所辖范围内，无论何处出现险情，均应及时赶赴现场进行抢护，抢险队应配备一定的工具和料物。

（3）预备队是防汛的后备力量。主要任务是在出现紧急情况时，随时上堤参加防守和抢险。

（四）做好工具料物的准备

防汛的工具料物具有品种多、用量大、用时急三个特点，因此在汛前要有充分的准备。防汛工具料物准备可分国家备料和群众备料两种形式。

国家备料主要有石料、铅丝、木桩、麻袋、苇席、土工布、绳类等。群众备料主要是抢险用的软料等。防汛所用的工具、照明设备以及交通工具等均由国家筹备。以上各项料物无论是国家备料或群众备料，均应按计划数量落实，不得延误。

（五）防汛抢险技术准备

防汛抢险工作，是一项技术性工作，应对防汛人员进行防汛抢险的技术培训，使所有参加防汛的人员，都能够较全面地掌握防汛抢险的基本知识和技能。基干班和抢险队要学会巡堤查险的方法和懂得各种险情的鉴别与抢护方法。

（六）建立情报网络和健全通信设施

水情及河势工情的传递，是搞好防汛工作的重要一环。各级防汛机构均要建立水情、河势工情的联系网络，以便防汛指挥人员能正确、及时地指导防汛工作。为了及时传递汛情，应健全通信设施，在汛前要对通信线路、机械设备进行检查，以保证其正常工作。

（七）群众迁移和安置准备

滩区和滞洪区的群众在洪水到来无安全保证时，应在洪水到来之前做好迁移、安置准备工作。迁移、安置准备工作是一项重要而又复杂的工作，其内容主要包括以下三个方面：

（1）思想工作。要向滩区和滞洪区的群众宣传，克服家园难舍和侥幸思想，也要做好接受单位和群众的思想工作，主动承担任务。

（2）组织安排。一是要使迁移户和接受户做到"两挂钩，两见面"，即村与村挂钩，户与户挂钩，村长与村长见面，户主与户主见面。二是要安排好迁移次序，使迁移、安置工作有条不紊。

（3）安排迁移交通工具和救生器材。

三、堤防险情巡查

巡堤查险是指进入汛期后，由于堤防及修建在堤防上的穿堤建筑物都有随时出现渗漏、裂缝、滑坡等险情的可能，必须日夜巡视，一旦发现险情及时抢护的工作。这是进入汛期后一项极为重要的工作，其任务、制度和方法的要点如下。

（一）连续巡查且临背并重

在达到设防水位以后，巡堤查险工作应连续进行，不得间断，可根据工情和水情间隔一定时间派出巡查小组连续巡查，以便保证及时发现险情，及时抢护，做到治早、治小。

巡堤查险时，对堤防的临水坡、背水坡和堤顶要一样重视。巡查临水坡时要不断用探水杆探查,借助波浪起伏中间歇查看堤坡有无裂缝、塌陷、滑坡、洞穴等险情,也要注意水面有无漩涡等异常现象。在风大流急、顺堤行洪和水位骤降时,要特别注意岸坡有无崩塌现象。背水坡的巡查往往易被忽视,尤应注意。在背水坡巡查时要注意有无散浸、管涌、流土、裂缝、滑坡等险情。对背河堤脚外 50 ~ 100 m 范围内地面的积水坑塘也要注意巡查,检查有无管涌、流土等现象,并注意观测渗漏的发展情况。堤顶巡查主要观察有无裂缝及穿堤建筑物的土石结合部有无异常情况。

(二)严格遵守巡堤查险制度

严格遵守巡堤查险制度,为了促使巡堤查险顺利进行,及早发现险情,并把险情消灭在萌芽状态之中,保证防汛的安全,常制定有关制度。一般有以下的工作制度:

(1)巡查制度。巡查人员必须听从指挥,坚守阵地,严格按照巡堤查险的方法及注意事项进行巡查。

(2)交接班制度。交接班应紧密衔接,上一班人员必须向下一班人员交代水情、工程情况、工具物料情况,以及需要注意和尚待查清的问题,必要时可共同巡查一次。

(3)值班制度。防汛各级指挥人员必须轮流值班,坚守岗位,随时了解辖区有关情况,做好记录,及时向上汇报和向下传递情况。

(4)汇报制度。交接班时,班(组)长要向负责防守的值班干部汇报巡查情况,值班干部如无特殊情况亦要逐日向上级主管部门汇报巡查情况,如有特殊情况要随时汇报。

(5)请假制度。上堤防守人员要严格遵守防汛纪律,不得擅自离开防守现场,必须离开时需请假,并在获同意后安排好接班人员方可离开。

(6)奖惩制度。防汛人员上堤后要经常进行检查评比,对工作认真、完成任务好的要表扬,做出显著贡献的要给予奖励;对不负责任的要批评教育;对玩忽职守造成损失的,要追究责任,严肃处理。

(三)巡查方法

每组巡查人员一般为 5~7 人。出发巡查时,应按迎水坡水面线、堤顶、背水坡、堤腰、堤脚成横排分布前进,严禁出现空白点。根据各地经验,要注意"五时",做好"五到",掌握好"三清""三快"。

"五时"是:

(1)黎明时。此时查险人员困乏,精力不集中。

(2)吃饭换班时。交接制度不严格,巡查易间断。

(3)天黑时。巡查人员看不清,且注意力集中在行走道路上,险情难以发现。

(4)刮风下雨时。注意力难集中,险情往往为风雨所掩盖。

(5)大河落水时。此时紧张心情缓解,思想易麻痹。

"五到"是指巡查时要做到眼到、手到、耳到、脚到、工具料物随人到。脚到指借助于脚走的实际感觉来判断险情。

"三清"是指险情要查清,辨别真伪及出险原因;险情要说清出险时间、地点、现象等;报警信号要记清。以便及时组织力量,针对险情特点进行抢险。

"三快"是:

(1)发现险情要快。巡堤查险时要及时发现险情,争取把险情消灭在萌芽状态。

（2）报告险情要快。发现险情,无论大小都要尽快向上级报告,以便上级掌握出险情况,迅速采取有力的抢护措施。

（3）抢护快。凡发现险情,均应立即组织力量及时抢护,以免小险发展成大险,增加抢险的难度和危险。

四、抢险工作

抢险是指堤防险工等防洪设施在防汛期间一旦出现危及安全的险情时,防汛部门及时地组织人力、物力对其进行抢护,化险为夷的工作,它在防汛中占有重要的地位。防汛部门应建立一支熟练掌握各种险情抢护技术的抢险队伍,切实做到"召之即来,来之能战,战之必胜",为做好防汛工作提供可靠的保证。

抢险工作内容包括:堤防险情抢护,河道整治工程抢护,涵闸等穿堤建筑物险情抢护及其他防洪设施的险情抢护。无论何种险情的抢护均要注意以下几点。

（1）准确鉴别险情,果断采取有效措施。准确鉴别险情,迅速而正确地分析判断险情产生的原因、性质及发展变化速度,果断采取有效措施是抢护险情成功的关键。切忌众说纷纭,莫衷一是,往往贻误战机,造成不良后果。

（2）"治早、治小、治了"。各种险情发展变化一般是从无到有,由小变大,由渐变到突变,因此发现早,抢护快,把险情消灭在形成和初期发展阶段,就能够收到事半功倍,化险为夷的效果,否则险情将会迅速发展扩大,导致严重后果,在抢险过程中,还要注意一鼓作气将险情完全排除,稍有疏忽,将导致险情再次发生,"治早、治小、治了"是抢险的指导思想。

（3）临河堵截、背河疏导,临背并举。各种险情的抢护方法很多,但应掌握临河堵截、背河疏导、临背并举的抢护原则,其原则内涵在堤防抢险中进行详细介绍。

（4）沉着指挥、临危不惧。出现险情的现场,往往秩序混乱,作为防汛人员应沉着指挥,使抢险工作有条不紊地进行,防汛指挥人员的惶恐情绪将严重地影响抢险人员的战斗力,因此常说沉着指挥、临危不惧是做好险情抢护的有力保证。

第二节 坝垛险情抢护

坝岸工程常见险情一般分为坝岸溃膛、坝岸漫溢、坝岸坍塌、坝岸滑动四类。

一、坝岸溃膛

（一）险情及其原因

坝岸溃膛为坝后过水(如河水透过裹护体、雨水沿土石结合部下排)引起冲刷、淘空,使坝体失去依托而局部坍塌、陷落的现象,轻者形成坝内空洞,重者可造成坝岸溃塌,见图7-1。

散抛或干砌石坝厚度小、石块间隙大,浆砌石坝体有空洞、裂缝,土石结合部不密实,坝后无反滤垫层或垫层反滤效果差,土坝体抗冲能力差,河水流速大,雨水沿结合部集中排放等都是导致坝岸溃膛的原因。

连坝

垛

溃膛坍塌段

溃膛坍塌段

溃膛坍塌段

流向

图 7-1 坝岸溃膛险情

(二)抢护方法

溃膛险情的抢护方法是:先将溃膛处进行清理,铺设土工织物作防护层,再抛压土袋,最后在土袋外抛石恢复坦坡。若土坝体冲失量大,可就地捆柳石枕(懒枕)填补土坝体,再外抛块石恢复坦坡,见图 7-2。

第一步:铺设土工织物

第二步:抛压土袋

第三步:抛石还坦

流向

图 7-2 坝岸溃膛险情抢护

二、坝岸漫溢

(一)险情及其原因

坝岸漫溢为水位超过坝顶而形成的坝顶过流现象。水位高、工程高程低或坝顶尚未达到设计高程,都可导致坝顶漫溢险情的发生。

(二)抢护方法

控导工程允许坝顶漫溢,一般不需抢护,如因局部连坝或丁坝的坝顶低于设计高程确需防护,可用土工织物铺盖防冲,见图 7-3。

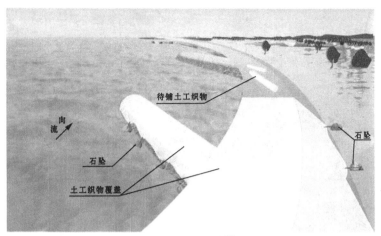

图 7-3 漫溢险情

三、坝岸坍塌

(一) 险情及其分类

坍塌是局部出现沉降的现象。它包括基础坍塌和护坡(坦石)坍塌,分为塌陷、滑塌和墩蛰三种形式。坝岸护根石被大溜挟带冲走或因冲刷河床引起护根石沉陷坍塌,称为坝岸基础坍塌或基础淘塌,俗称根石走失。造成基础坍塌的原因主要有石块小、流速大(水流可将石块挟带而走)、河床易被冲刷、基础尚未稳定、基础(根石)浅等。受基础(根石)坍塌、内部填筑不实、不均匀沉陷、溃膛等影响,都可能引起护坡坍塌。塌陷是指坡面局部发生轻微下沉,滑塌是护坡在一定长度范围内局部或全部失稳而发生坍塌(滑落),墩蛰是护坡连同土坝体突然蛰入水中。

(二) 根石坍塌险情及抢护方法

根石坍塌险情,是最常见的一种险情。在根石坍塌的过程中,有些伴有部分坦石的相应坍塌。抢护方法是将坍塌缺损部位用块石等料物抛投填补,然后整平恢复至原状,见图 7-4。

(三) 坦石坍塌险情及抢护方法

坦石坍塌险情是坦石随根石坍塌,但坦石顶尚未坍入水中,且土坝体完好。该险情可发生在裹护段任一部位,多以慢蛰形式出现,偶有平墩形式。出险原因多是根石坡度陡、受正溜或回溜淘刷所致。

坦石坍塌抢护方法:由于坍塌的根石、坦石增加了坝垛基础,一般不需再抛石加固,仅须将水上坍塌的根石、坦石用块石抛投填补,按原状恢复。如出险部位在上跨角或坝前头,且溜势较大,可适当抛铅丝笼固根,防止根石走失,见图 7-5。

(四) 墩蛰险情及抢护方法

墩蛰险情多发生在坝头或迎水面,不仅坦石入水,土坝体也有大幅度坍塌。险情具有突发性,是最严重的险情之一,见图 7-6。出险原因:坝垛根石浅,基础为格子底(砂、黏土互层);搂厢腐烂或悬空、水深溜急等。常用土袋、抛枕、搂厢抢护方法。

图 7-4　根石坍塌险情

图 7-5　坦石坍塌险情

图 7-6　墩蛰险情

1.土袋抢护法

土袋抢护法适用于发生在坝垛迎水面的中后部、土坝体坍塌较少的情况。抢护时先在土坝体坍塌部位抛压土袋防冲,土袋出水面 1 m 后,再在其前面抛块石固根,然后加修土坝体,恢复根石、坦石,见图 7-7。

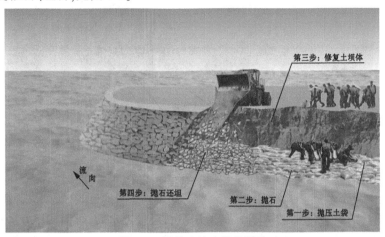

图 7-7 墩蛰险情土袋抢护法

2.抛枕抢护法

抛枕抢护法适用于土坝体坍塌较多的情况,出险位置多发生在坝垛迎水面的中前部。抢护中必要时先削坡、后抛柳石枕补填并防护土坝体坍塌部位,再抛投块石恢复根石、坦石,最后抛铅丝笼固根,见图 7-8。

图 7-8 墩蛰险情抛枕抢护法

3.搂厢抢护法

搂厢抢护法适用于土坝体严重坍塌的险情。

(1)先进行捆船和布绳。用麻袋装掺土麦糠或用扁方柳枕作龙枕。枕上架长木杆作龙骨,用麻绳将龙骨、龙枕与船一并捆牢。在坝顶打顶桩并布放过肚绳、占绳和底钩绳。

其中,过肚绳需穿过船底,底钩绳上拴练子绳。各绳活扣于龙骨上,见图7-9。

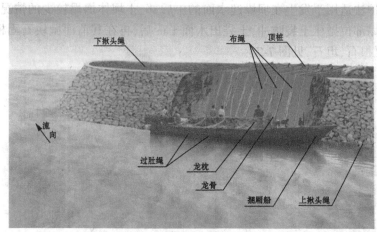

图7-9　墩蛰险情搂厢抢护法1

(2)搂厢。在绳上顺铺散柳厚1 m,遍压散石至接近水面,再铺柳厚0.4 m,搂回部分底钩绳和全部练子绳,拴打家伙桩,底坯完成。然后接底钩绳、练子绳,铺柳厚1~1.5 m,压石铺柳、打桩拴绳,逐坯加厢直到河底,见图7-10。

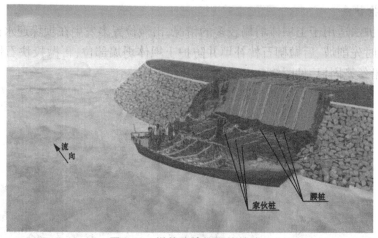

图7-10　墩蛰险情搂厢抢护法2

(3)加固。先抛柳石枕护根,在枕外抛笼堆护根或抛石固根至施工水位1 m以上,填土恢复土坝体,再抛石补坦,整修根石、坦石及坝顶,最后恢复原坝面貌,为了防止柳石枕前爬和笼堆间根石走失,沿坝长方向每隔约10 m间距筑石笼堆,每堆宽2~3 m,出水1 m。见图7-11。

四、坝岸滑动

(一)险情及其原因
坝岸滑动为在自重或外力作用下坝岸整体或部分失稳,使护坡或连同部分土坝体沿

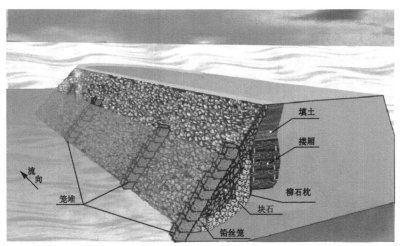

图 7-11 墩蛰险情搂厢抢护法 3

滑动面(多为弧形面)向河内滑动的险情。导致坝岸滑动的主要原因有水流冲刷力大,基础被淘刷(基础浅、多沙、有软弱夹层)、坡度陡、土坝体抗剪强度低、土石结合部过水、水位骤降、附加荷载大、震动等,见图7-12。

图 7-12 滑动险情

另外,习惯将护坡或护坡连同部分土坝体整体滑入水中称为墩蛰,墩蛰一般发生在基础淘刷严重、整体性好或土坝体有滑坡隐患的浆砌坝岸中。若因坝岸整体失稳而发生前倾(翻转)则称为倾倒,一般发生在基础淘刷严重、整体性好、坡度陡的重力式浆砌坝岸中。

滑动险情一般发生在险工砌石坝。因坝高坡陡,稳定性差,当根石走失严重时,会造成根石、坦石连同部分土坝体从坝顶沿弧形破裂面滑向河内,是最严重的险情之一。

(二)抢护方法

滑动险情若在低水位时发生,其抢护方法依次是:填土整坡、抛石护坦;若在中、高水位时发生,需用搂厢、抛柳石枕等方法先行抢护土坝体坍塌部位,再抛石护坦;若发生在坝头部位,因溜势大,还另需抛铅丝笼固根,见图 7-13。

完成后

流向

削坡后

正在削坡

险情

图 7-13　滑动险情抢护

第三节　堤防险情抢护

　　堤防为约束洪水的最后一道屏障,但由于人为和自然因素影响,堤防常存在一些弱点,在汛期,洪水位上涨堤防长时间靠水,易出现一些险情,常见的江河堤防险情有漫溢、渗水、漏洞、管涌、滑坡、风浪、坍塌、裂缝、崩岸、决口、坝岸淘空等险情。本节主要介绍黄河堤防常见险情的抢护方法。

一、漫溢

(一)概念

漫溢险情,根据水情预报,洪水位如有可能超过堤顶,应迅速组织人力、物力,于洪水来临前在临河堤肩上抢修子埝,防止漫溢,见图7-14。

抢护要点:提前筑埝,防渗抗冲

图7-14 漫溢险情

(二)出险原因及抢护原则

1.出险原因

(1)上游发生超标准洪水,水位超过堤防实际高度;或堤防设计时,对坡浪计算与实际不符,造成最高水位浪高超过堤顶。

(2)河道内有阻水障碍物,如未按规定修建闸坝、桥涵、渡槽,以及盲目围垦、种植片林和高秆作物等,缩小了河道的泄洪能力,使水位壅高而超过堤顶。

(3)因河道严重淤积,过水断面减小,抬高了水位。

(4)风浪或主流坐弯,以及地震、潮汐等壅高了水位。

(5)堤防施工未达到设计高程或因碾压不实和基础软弱造成较大的沉陷,致使堤防的高度不足。

2.抢护原则

水涨堤高。

(三)抢护方法

1.土(石)袋子埝

在风浪大或土质不好的地段,用袋装土分层错缝垒筑压紧,层间加散土,在袋后填土帮戗防渗,见图7-15。

2.土工织物子埝

适用于土料充足、运输有保障的情况。做法是:先在距临水堤肩0.5~1 m处抢筑土埝,然后用彩条布或土工膜将其包盖,用签桩石坠固定,防渗抗冲,见图7-16。

3.充水式橡胶子堤

由充水胶囊、防护垫片两部分构成,与潜水泵配合使用,可阻挡0.8 m高洪水、抵御风速为6 m/s风浪,见图7-17。

图 7-15　漫溢险情抢护——土(石)袋子埝

图 7-16　漫溢险情抢护——土工织物子埝

图 7-17　漫溢险情抢护——充水式橡胶子堤

二、渗水

(一)概念

在汛期或持续高水位的情况下,河水通过堤身向堤内渗透的水较多,浸润线相应抬高,使得堤背水坡出逸点以下土体湿润或发软,有水渗出,称为渗水,见图7-18。

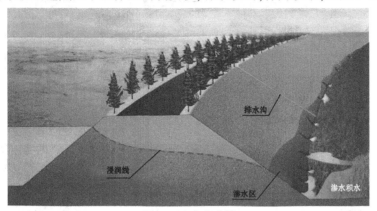

图7-18 渗水险情

(二)出险原因及抢护原则

1.出险原因

(1)水位超过堤防设计标准、高水位持续时间较长;

(2)堤身断面不足、背水坡偏陡,浸润线在背水坡出逸;

(3)堤身土质多沙,透水性强,又无防渗斜墙或其他有效的控制渗流的工程设施;

(4)筑堤碾压不实,土中多杂质、淤土,施工接头不紧;

(5)堤身、堤基内部存在隐患,堤防与涵闸、输水管、溢洪道接合不实等。

2.抢护原则

临河截渗,背河导渗。

(三)抢护方法

1.开沟导渗

导渗沟分为纵横沟、"Y"字沟和"人"字沟。开挖高度一般要达到或略高于渗水出逸点位置。顺堤脚开排水沟,集中排出渗水,见图7-19。

2.土工膜截渗

临水堤坡较平整时可选用土工膜截渗。其做法是:将直径为4~5 cm的钢管固定在土工膜的下端,卷好后将上端系于堤顶木桩上,沿堤坡滚下,并在其上压盖土袋,见图7-20。

3.前戗截渗

戗顶高出水面1 m,两端超过渗水堤段各5 m。流速较大时,先堆筑隔墙,再填筑土料,见图7-21。

4.反滤导渗

清除表层杂物,下细上粗分层铺填反滤料。反滤材料可选用砂石、梢料或土工织物,

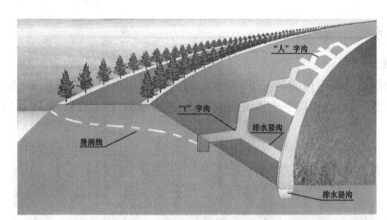

图 7-19　渗水险情抢护——开沟导渗

图 7-20　渗水险情抢护——土工膜截渗

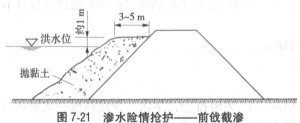

图 7-21　渗水险情抢护——前戗截渗

上盖石料或沙袋,见图 7-22。

5.透水后戗

可根据物料情况,修筑砂土后戗或梢土后戗。顶部高出渗水点 0.5 m,超过渗水堤段两端至少 3 m,见图 7-23。

三、漏洞

(一)概念

在汛期高水位情况下,洞口出现在背水坡或背水坡脚附近的横贯堤身的渗流孔洞,称

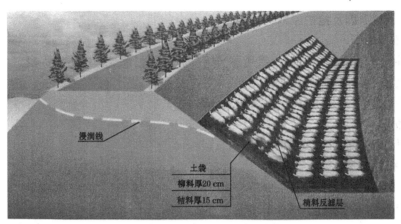

图 7-22 渗水险情抢护——反滤导渗

图 7-23 渗水险情抢护——透水后戗

为漏洞。如漏洞流出浑水,或由清变浑,或时清时浑,均表明漏洞正在迅速扩大,堤身有可能发生塌陷甚至溃决的危险,见图 7-24。

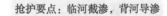

抢护要点:临河截渗,背河导渗

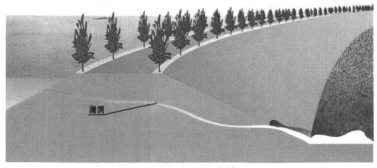

图 7-24 漏洞险情

(二)出险原因及抢护原则

1.出险原因

(1)由于堤身、堤基质量差,碾压不实,在高水位时,渗流集中贯穿堤身。

(2)堤身有隐患、堤基有老口门等,一旦水位涨高,渗水就从隐患处流出。

(3)渗水管涌处理不及时,逐渐演变成漏洞。

2.抢护原则

临河堵截断流,背河反滤导渗。

(三)抢护方法

1.软楔堵塞

探摸到进水口较小时,可用软性材料堵塞,并盖压闭气,见图7-25。

图7-25　漏洞险情抢护——软楔堵塞

2.软帘盖堵

洞口较大或较多、土质松软时,用软帘覆盖,然后盖压土袋,抛填黏土闭气,见图7-26。

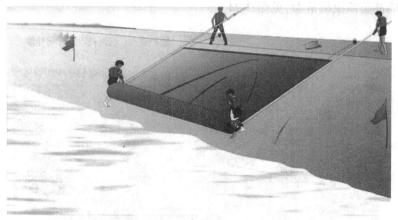

图7-26　漏洞险情抢护——软帘盖堵

3.临河月堤

在临河水深较浅、流速较小、洞口在堤脚附近时,可在洞口外侧用土袋迅速抢筑月形围埝,圈围洞口,同时在围埝内快速抛填黏性土,封堵洞口,见图7-27。

图 7-27 漏洞险情抢护——临河月堤

四、管涌

(一)概念

汛期高水位时,沙性土在渗流力作用下被水流不断带走,形成管状渗流通道的现象,即为管涌。出水口冒沙并常形成"沙环",有时管涌表现为土块隆起,又称鼓泡。管涌一般发生在背水坡脚附近地面或较远的潭坑、池塘或洼地,多呈孔状冒水冒沙,见图7-28。

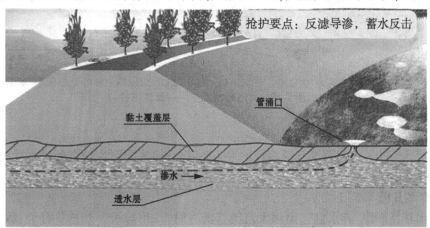

图 7-28 管涌险情

管涌险情的严重程度一般从管涌口离堤脚的距离、涌水浑浊度及带沙情况、管涌口直径、涌水量、洞口扩展情况、涌水水头等几个方面加以判别。距堤脚越近,其危害性就越大。管涌流量大,带出的沙越来越粗,数量不断增大,这也属于重大险情,需要及时抢护。

(二) 出险原因及抢护原则

1. 出险原因

(1) 堤基为强透水的沙层, 透水经堤基在背河逸出。

(2) 透水堤基表层虽有黏性土覆盖, 但由于天然或人为因素土层被破坏, 在水位升高时, 发生渗透破坏, 形成管涌。

(3) 背河黏土覆盖层下面承受很大的渗水压力, 在黏土覆盖层薄弱处渗水压力冲破土层, 渗水将下面地层中的粉细沙颗粒带走而发生管涌。

2. 抢护原则

反滤导渗, 防止渗透破坏, 制止涌水带沙。

(三) 抢护方法

1. 反滤围井

反滤围井是在冒水孔周围垒土袋, 筑成围井, 井壁底与地面紧密接触, 井内按三层反滤要求分铺垫沙石或柴草滤料, 在井口安设排水管, 将渗出的清水引走, 以防溢流冲塌井壁, 如遇涌水势猛量大粗沙压不住, 可先填碎石、块石消杀水势, 再按反滤要求铺填滤料。此法适用于地基土质较好、管涌集中出现、险情较严重的情况, 见图 7-29。

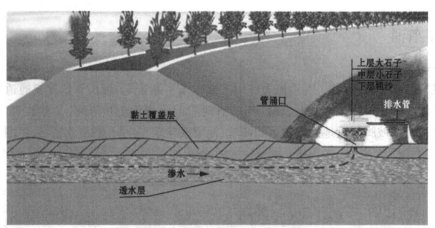

图 7-29　管涌险情抢护——反滤围井

2. 装配式围井

装配式围井一般为管涌孔口直径的 8 ~ 10 倍, 必须装配至少一个带排水孔的单元围板, 见图 7-30。

3. 背水月堤

背水月堤俗称"养水盆", 出现大范围管涌群时, 在出险范围外抢筑月堤, 截蓄涌水, 抬高水位, 以减小渗透压力, 见图 7-31。

4. 反滤铺盖

反滤铺盖用于管涌范围较大、孔眼较多的情况, 分层铺设反滤料。反滤铺盖类型结构及每层厚度见图 7-32, 其上层盖块石或沙袋。

图 7-30 管涌险情抢护——装配式围井

图 7-31 管涌险情抢护——背水月堤

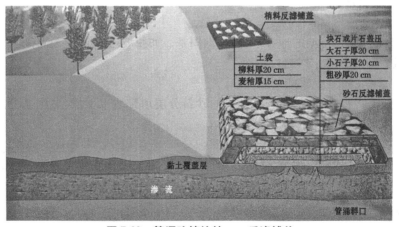

图 7-32 管涌险情抢护——反滤铺盖

五、脱坡

(一)概念

堤防滑坡俗称脱坡,是边坡失稳下滑造成的险情。开始在堤顶或堤坡上产生裂缝或蛰裂,随着裂缝的逐步发展,主裂缝两端有向堤坡下部弯曲的趋势,且主裂缝两侧往往有错动,见图7-33。

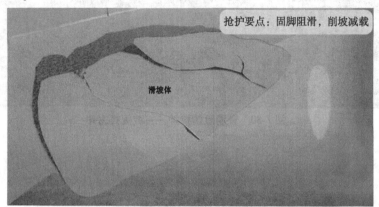

抢护要点:固脚阻滑,削坡减载

滑坡体

图 7-33 脱坡险情

(二)出险原因及抢护原则

1.出险原因

(1)边坡抗滑稳定不够,堤坡过陡,洪水持续时间长。

(2)堤身为透水性强的土料,背河堤坡为透水性小的土料,渗水不易排出。

(3)堤防基础不好,土压增大。

2.抢护原则

消除渗水压力,上部削坡下部固脚阻滑。

(三)抢护方法

1.固脚阻滑

地基不好或邻近坑塘的地方,先做填塘固基。如脱坡已形成,应在脱坡体上部削坡减载,下部做固脚阻滑,见图7-34。

2.滤水土撑(滤水后戗)

顺坡挖沟,内铺反滤料,用透水性大的砂料分层填筑滤水土撑,见图7-35。如堤坝断面单薄,背水坡陡,可修筑滤水后戗。

3.滤水还坡

将脱坡顶部陡坎削成缓坡,做好导渗层。坡脚堆放块石或沙袋固脚,然后回填中、粗砂还坡,见图7-36。

六、跌窝

(一)概念

跌窝俗称陷坑,在堤顶、堤坡及堤脚附近突然发生局部下陷。既破坏堤防的完整性,

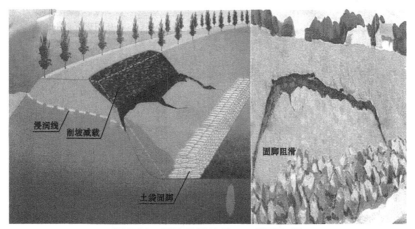

图 7-34 脱坡险情抢护——固脚阻滑

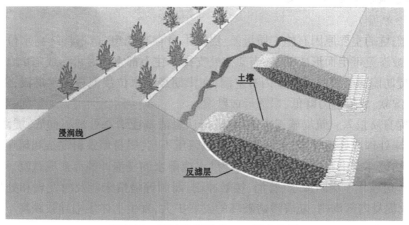

图 7-35 脱坡险情抢护——滤水土撑

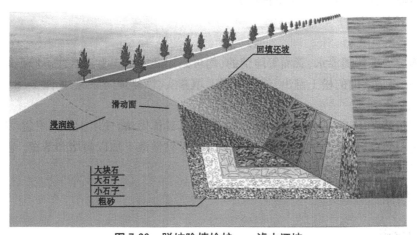

图 7-36 脱坡险情抢护——滤水还坡

又缩短渗径,有时还伴随渗水、漏洞等,见图 7-37。

图 7-37　跌窝险情

(二) 出险原因及抢护原则

1.出险原因

导致陷坑的主要原因有施工质量差、堤防本身存有隐患、遭遇持续高水位浸泡等,若细土颗粒被渗流带走而形成架空,当架空处支撑不住上部土体时可形成陷坑。

(1)堤防隐患。堤身或堤基内有空洞,在汛期经高水位浸泡或雨水淋浸,随着空洞周边土体的湿软,成拱能力降低,塌落形成跌窝。

(2)堤身质量差。筑堤施工中,没有进行认真清基或清基处理不彻底,堤防施工分段接头部位未处理或处理不当,土块架空、回填碾压不实,堤身填筑料混杂和碾压不实,堤内穿堤建筑物破坏或土石结合部渗水等,经洪水或雨水的浸泡冲蚀而形成跌窝。

(3)渗透破坏。堤防渗水、管涌、接触冲刷、漏洞等险情未能及时发现和处理,或处理不当,造成堤身内部淘刷,随着渗透破坏的发展扩大,发生土体塌陷导致跌窝。

2.抢护原则

查明原因,还土填实,防止险情扩大。

(三) 抢护方法

1.翻筑夯实

在陷坑内未伴随渗水、管涌等险情的,均可采用此法。土料透水性不低于原堤坝。具体做法:先将陷坑内的松土翻出,然后分层回填夯实,恢复堤防原貌,见图 7-38。

2.填塞封堵

填塞封堵适用于发生在临水坡水下的跌窝。具体做法:先用土工编织袋、草袋或麻袋装黏性土料,直接向水下填塞陷坑,填满后再抛投黏性散土加以封堵和帮宽。要求封堵严密,避免从陷坑处形成漏洞,见图 7-39。

七、崩岸

(一) 概念

临水堤坡或控导工程,被洪水水流冲塌,或退水期堤岸失去水体支撑,再加上反向渗透压力,出现崩岸,见图 7-40。

图 7-38 跌窝险情抢护——翻筑夯实

图 7-39 跌窝险情抢护——填塞封堵

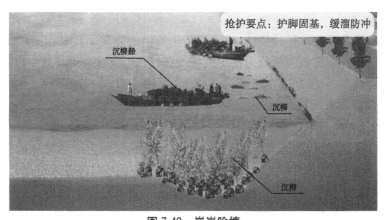

图 7-40 崩岸险情

(二) 出险原因及抢护原则

1.出险原因

崩岸险情发生的主要原因是水流冲淘刷深堤岸坡脚。在河流的弯道,主流逼近凹岸,深泓紧逼堤防,在水流侵袭、冲刷和弯道环流的作用下,堤外滩地或堤防基础逐渐被淘刷,

使岸坡变陡,上层土体失稳而最终崩塌危及堤防。

2.抢护原则

缓流防冲,护脚固岸。

(三)抢护方法

堤岸崩塌险情的抢护可根据不同的原因,采取不同的措施。对于临水堤外无滩、迎流顶冲造成的堤岸崩塌,应以护脚为主,可以临河抛块石、石笼、柳枕,保护堤岸稳定,制止堤岸继续崩塌,同时,在堤背水坡加宽加厚堤防,进行内帮。对于受风浪淘刷造成的堤岸崩塌,要采取防风浪措施,如堤岸发生严重崩塌,可以在临水坡用土袋或柳枕垒坡,在土袋和老堤之间填土,分层填筑、夯实,直至堤顶。见图7-41。

图7-41　崩岸险情抢护

八、裂缝

(一)概念

堤防裂缝是常见的一种险情,也可能是其他险情的先兆。按其出现的部位可分为表面裂缝、内部裂缝;按其走向可分为横向裂缝、纵向裂缝、龟纹裂缝。其中以横向裂缝和纵向裂缝危害性最大,应加强监视监测,及早抢护,见图7-42。

(二)出险原因及抢护原则

1.出险原因

不均匀沉陷,堤身各种隐患,堤防施工质量不好,堤坡的滑动或地震破坏等原因可引起裂缝。

2.抢护原则

消除成因,固堤、填缝。

(三)抢护方法

1.横墙隔断

横墙隔断适用于横向裂缝抢险,除沿裂缝方向开挖沟槽外,还应每隔3~5 m开挖一条横向沟槽,沟槽内用黏土分层回填夯实,见图7-43。如裂缝已与河水相通,在开挖沟槽前,还应采取修筑前戗等截流措施。

图 7-42 裂缝险情

图 7-43 裂缝险情抢护——横墙隔断

2.土工膜盖堵

当河水可能侵入缝内时,可将复合土工膜在临水坡裂缝处全面铺设,并在其上压盖土袋,使裂缝与水隔离,起到截渗作用。同时,在背水坡铺设反滤土工织物,上压土袋,然后采用横墙隔断法处理,见图 7-44。

图 7-44 裂缝险情抢护——土工膜盖堵

九、风浪

(一) 概念

风浪险情,汛期河水上涨,水面变宽,高水位时风大浪高,堤坝迎水坡受风浪冲击,连续淘刷,侵蚀堤身,严重时有决口危险,见图 7-45。

图 7-45　风浪险情

(二) 出险原因及抢护原则

1.出险原因

(1)无块石护坡的堤段断面单薄,筑堤土质不好,施工碾压不密实及基础不良等,或者是块石护坡施工质量不好。

(2)堤前水深大,堤距宽、吹程大、风速强及风向指向堤防等。

2.抢护原则

削减冲击力,加强抗冲力。

(三) 抢护方法

1.土工织物防浪

将编织布铺在堤坡上,顶部用木桩固定并高出洪水位 1.5～2 m。另外,把铅丝或绳的一端固定在木桩上,另一端拴石或用土袋压于水下,以防编织布漂浮,见图 7-46。

图 7-46　风浪险情抢护——土工织物防浪

2.土袋防浪

土袋防浪适用于风浪破坏已经发生的堤段。做法是:用编织袋、麻袋装土(或砂、碎石、砖等),叠放在迎水堤坡。土袋应排挤紧密,上下错缝,见图7-47。

图 7-47 风浪险情抢护——土袋防浪

3.挂柳防浪

在堤顶打木桩,桩距 2~3 m,用双股 10 号~12 号铅丝或绳,将枝长 1 m 以上、枝径 0.1 m 左右的枝头(或将几棵枝头捆扎使用)系在木桩上,在树杈处捆扎砂(石)袋,使树梢沉入水下,削减风浪,见图7-48。

图 7-48 风浪险情抢护——挂柳防浪

4.挂枕防浪

用秸料、柳枝等扎成枕,系在堤岸木桩上,置水面随波起伏,见图7-49。

图 7-49 风浪险情抢护——挂枕防浪

※黄河小知识

1958 年黄河大洪水的最大洪峰流量是多少？当时组织了多少军民上堤抢险防守？

1958 年 7 月 17 日，黄河花园口站出现了洪峰流量 22 300 m³/s 的大洪水，这是至今有实测记录以来的最大洪水。在抗洪的关键时刻，周恩来总理终止上海会议，来到黄河抗洪一线，亲自指挥抗洪斗争，同意黄河水利委员会提出的"不使用北金堤滞洪区分洪，依靠堤防和群众战胜洪水"的方案。在党中央、国务院的坚强领导下，豫、鲁两省 200 万军民和黄河职工经过英勇抗争，战胜了这场大洪水，取得黄河抗洪斗争的全面胜利，在人民治黄史上写下了光辉灿烂的篇章。

附　件

附件一　1982年河南黄河抗洪纪实

一、洪水实况

1982年7月29日至8月2日,黄河三花间(三门峡至花园口区间,含伊、洛、沁河,下同)降暴雨到大暴雨,局部降特大暴雨。三花干流及伊、洛、沁河相继涨水,花园口站8月2日19时出现流量为15 300 m³/s的洪峰(简称"82·8"洪水),为新中国成立以来仅次于1958年的第二大洪水。

由于9号台风深入黄淮地区,三花间和黄河中游形成大范围的南北向雨带。暴雨自西向东先后开始,其特点是持续时间长,中心强度大,分布不均匀。最大暴雨中心位于伊河中游石锅镇,12 h最大雨量为652 mm,最大5 d雨量为904 mm。洛河的赵堡站,三门峡至小浪底干流的仓头站,小浪底至花园口区间的孟县站,沁河的山路坪站5 d雨量也分别达647 mm、423 mm、394 mm、449 mm,这也是4个暴雨中心。整个三花间41 615 km²降雨量均大于100 mm,200 mm以上的面积大于23 400 km²,占56%;300 mm以上面积达10 000 km²,占24%;400 mm以上的面积为2 250 km²,占5%。在这次降雨过程中,暴雨中心来回移动,三花间各支流均出现两次暴雨高潮,无论是降雨量还是降雨强度均属1949年以来最大的一次。

这次大洪水主要来自三花间的干支流。8月1日8时伊河龙门站流量2 890 m³/s,13时洛河白马寺站流量5 380 m³/s。经分析计算,伊、洛河最大合成流量应为7 580 m³/s,但经伊、洛河夹滩地区决口滞洪后,2日0时洛河黑石关站洪峰流量仅为4 110 m³/s;三门峡水库下泄流量4 840 m³/s,由于三门峡至小浪底区间加水,2日4时30分小浪底站出现洪峰流量9 340 m³/s;2日19时沁河小董站发生4 130 m³/s超标准洪水。小浪底、黑石关和小董三站洪水相应流量汇合并加上小浪底至花园口干流区间来水,形成了花园口站15 300 m³/s的洪峰(见附表1),相应水位94.59 m,最大含沙量66.6 kg/m³,7 d洪量50.02亿m³,其中三门峡以上来水18.51亿m³,占37%;三花间来水31.51亿m³,占63%。

附表1　1982年8月洪水来源组成

站名	洪峰			
	时间 (月-日-时)	水位/ m	流量/ (m³/s)	最大含沙量/ (kg/m³)
潼关	08-01-22	328.29	5 100	131.0
三门峡	08-01-12		4 840	144.0
小浪底	08-02-04	141.59	9 340	120.0
白马寺	08-01-13	9.11	5 380	69.5

续附表1

站名	洪峰			
	时间 (月-日-时)	水位/ m	流量/ (m³/s)	最大含沙量/ (kg/m³)
龙门	08-01-08	152.98	2 890	97.7
黑石关	08-02-00	115.53	4 110	54.2
五龙口	08-02-09	148.02	4 240	108.0
山路坪	08-01-07	50.31	480	32.7
小董	08-02-19	108.83	4 130	40.7
花园口	08-02-19	94.59	15 300	66.6
夹河滩	08-03-04	75.60	14 500	50.6
高村	08-05-02	64.13	13 000	66.9
孙口	08-07-02	49.60	10 100	62.7

这次洪峰经过 9 h,于 3 日 4 时到达夹河滩站,洪峰流量 14 500 m³/s,5 日 2 时到达高村站,洪峰流量 13 000 m³/s,由于孙口以上滩区普遍进水,夹河滩至孙口滩地约蓄水17.4 亿 m³,故 7 日 2 时孙口站洪峰流量 10 100 m³/s,与花园口站洪峰相比,削减 5 200 m³/s。花园口至孙口洪水传播时间长达 103 h,较正常时间偏长 1 倍以上。

这次洪水的含沙量较小,花园口站平均含沙量 32.1 kg/m³,7 d 输沙量 1.6 亿 t,花园口上下河道"上冲下淤"。花园口至孙口段共淤积 0.8 亿 t,主要淤在滩上。由于高村至孙口滩地滞蓄水量较多,67%的泥沙淤积在这一河段。洪水水位表现与 1958 年 22 300 m³/s 洪水相比,郑州京广铁路桥以上低于 1958 年洪水位,以下高于 1958 年洪水位,其中花园口站高 0.17 m,柳园口站高 2.11 m,夹河滩站高 1.09 m,高村站高 1.17 m,孙口站高 0.47 m。

二、河势、工情及险情抢护

(一)河势变化

"82·8"洪水期间,河南黄河兰考东坝头以下河段的基本流路无大变化,主要是河道整治工程发挥了控导作用。东坝头以上因整治工程较少,河势有局部变化,变化较大的是中牟九堡至兰考东坝头河段。

1.东坝头以上河段

"8·28"洪水期间,京广铁路桥以上河势无大变化。由于原阳马庄工程的控导作用,花园口险工上下河势变化不大。但由于杨桥、赵口险工靠溜较紧,九堡以下河势趋直,并由仁村堤挫至大张庄,水落后上提紧靠大张庄新 1 坝,致使黑岗口河势上提,出现横河顶冲 19 号~29 号护岸,造成 11 个坝段相继出险。黑岗口险工布局呈凸出形,上段靠河有挑溜之势,使柳园口险工脱河,在其下滩地坐弯,以南北横流之势趋向封丘辛店工程,下靠府君寺及曹岗险工下首,脱河 8 年的常堤工程靠河,下转东坝头工程,欧坦、贯台工程相继脱河。

大水期间,黑岗口、柳园口两险工靠河、脱河无常,黑岗口险工大水前溜靠 27 号～33 号坝,大水时溜走中泓,主流北移 1 500 m,水落后又南移上提 19 号～29 号护岸。柳园口险工大水前靠 35 号～39 号坝,大水时距坝 100～150 m,大水后 8 月 5 日工程完全脱河,坝前出滩。

2.东坝头以下河段

东坝头至河南下界河段整治工程已大体布设,大水中证明这段河道向弯曲性河型发展。大水时工程靠溜下挫外移,水落后归槽又复上提。

本河段大水时,在台前刘楼至王集闸前,出现一处明显堤河,主要因孙楼工程 19～20 坝间的防沙闸上游侧土石结合部被冲开决口 110 m,韩胡同工程新 1 坝与老 2 坝之间的联坝冲口宽 150 m,加上小王庄处生产堤冲断过流,8 月 6 日三处来流汇集于刘楼至王集闸前,形成堤河。

(二)工程险情

1.堤防险情

河南黄河临黄堤长 526 km,这次洪水除孟县及堤前有高滩的原阳、封丘,开封堤段外,其余县市临黄大堤全部偎水,偎水堤线长 310 km,占全部堤线的 59%。堤根水深,南岸平工段 0.5～2.0 m,险工坝前水深 8～15 m;北岸平工段 1～3 m,险工坝前水深一般 10 m 左右。

下游堤防经过历年培修加固,增强了抗洪能力。这次大水堤防发生的险情主要有渗水、裂缝、陷坑、塌坡等。其中大堤背河渗水 3 处,累计长 560 m;堤身裂缝 18 处,最大缝长 400 m,宽 0.2 m,深 3.0 m;堤防出现陷坑 13 处,最大的长、宽各 2 m,深 1.3 m。渗水大多出现在未经放淤加固或为沙基的老渗水堤段,裂缝陷坑等险情主要由于新旧堤结合不好、工程质量差、碾压不实或存在隐患所致。

2.险工控导险情

河南黄河当时共有险工 30 处 1 407 道坝垛,这次大水出险 13 处 83 道坝垛。控导工程有 34 处 1 165 道坝垛,大水中靠大堤的有 21 处 110 道坝垛,靠边溜 86 道坝垛,其中局部漫溢的有 14 处 121 道坝垛。受破坏较重的有 4 处,冲坏坝垛 50 座。控导工程出险的共有 18 处 140 道坝垛。险情主要是坝坦滑塌、坝身、坝根墩蛰,根石走失等,有的控导工程出险是洪水漫顶,联坝开口拉沟,使工程遭到破坏。如南小堤上延工程下首 16 号～35 号坝坝顶漫水深 0.3～0.6 m,19 号～35 号坝联坝冲开 15 个口,长 1 000 多 m,17 道坝受到不同程度的破坏。有的工程虽未漫顶但也因联坝被冲开而导致坝体冲毁,如台前的孙楼、韩胡同等工程。

3.涵闸、虹吸管险情

河南当时有引黄涵闸 31 座,虹吸管 34 条。临黄堤涵闸在大水时均关闸停引,对险闸进行了围堵,没有发现大的问题。但最高水位时有 6 座涵闸和 4 条虹吸管超过设计防洪水位。另滩区内有刘楼防沙闸、范县于楼、长垣南河店等 3 座闸以及贯孟堤上的董寨闸均因土石结合部渗漏而被冲毁。

(三)黑岗口重大险情的抢护

黑岗口险工出现的险情是"82·8"洪水落水过程中出现的最大险情,而且出险时间长,反复多次。该险工是开封市防御洪水的重要屏障,位于市西北 15 km。明崇祯九年(公元 1636 年)及清乾隆二十六年(公元 1761 年)先后两次在此决口。该险工 1982 年共有坝垛 84 座。

"82·8"洪水在落水过程中,黑岗口险工附近河势逐步上提。当洪水降至 4 000 m³/s 以下时,形成"斜河",大河从北岸大张庄工程折向黑岗口,大溜顶冲黑岗口盖坝以下至黑岗口闸之间,24 垛至 26 垛前河面被缩空为 200 m 左右,溜势集中,冲局严重。这一段工程在新中国成立前主要是秸料栅,新中国成立后很少靠河,基础较差,深度不够。8 月 7 日上午开始蛰动出险,工程队员及时进行了抢护。至 9 日 20 时,险情进一步恶化,先是 25 护岸和 26 垛滑坡,50 m 长的石坦,一次下蛰 6 m 多深,入水 0.6~0.8 m,土胎暴露,直接威胁大堤安全。在抛石、抛铅丝笼抢护的同时,又有三段护岸出现明显裂缝,长达 189 m,至 10 日 2 时 30 分裂缝增加到 8 处,长达 270 m,情况危急。8 月 10 日 17 时 23 垛又墩蛰入水,当夜进行了抢护。

当时大雨如注,道路泥泞难行,给抢险带来了极大困难。开封市紧急动员,黄河专业队伍、城镇和农民抢险队、解放军官兵共计 2 200 人参加抢护,另有数百人砍柳送料,运送其他抢险物资。险情基本稳定之后,抢险工地留下 300 多人,抛笼加固基础,一直坚持至 8 月 21 日。

当洪水降至 2 100 m/s 时,黑岗口河势继续上提,出现横河。9 月 10 日第二次出现大险。13 号护岸下滑前下延,长 50 m、宽 1.5 m、深 8 m,在水下 3 m 多深才能探摸到下蛰下去的石坦顶,经组织 100 多人抛石枕、铅丝笼和散石,抢护 6 d 才使险情得到控制。

9 月 22 日,又出现第三次大险,11 号护岸蛰动长 35 m,宽 1.5 m,深 7 m。并且一下子塌到水中 400 多 m³ 坦石和近 500 m³ 土方,土胎坍成一个长 35 m,平均宽 3.5 m,最宽 5 m,深 4 m 的弧形大坑。工程再次呈现危急局面。抢险队员立即了一个 30 m 长的揽枕,枕上抛石还土,石层和土层交替加高。在抢护过程中,仍不断有轻微蛰动,同时 14 号坝也连续出险,随着靠溜部位的移动,由下跨角到上跨角,再到迎水面,根石多次蛰动,坝面土基裂缝不断延伸,立即抛笼抛石抢护,险情抢护从 9 月 22 日持续到 10 月中旬。

8 月、9 月 2 个月,黑岗口险工先后有 15 道坝垛出险,共计出险 30 坝次,抢护、加固 21 处,长 1 089 m。经过黄河职工、人民群众和解放军官兵的连续奋战和全力抢护,终使工程化险为夷,保证了安全,在黄河抗洪抢险的历史上谱写了新的一页。抢险用石 10 060 m³,铅丝 19 008 kg,柳枝 10 000 kg,人工 7 581 工日。

三、滩区漫水淹没和群众迁安救护

这次大水东坝头以上高滩局部漫滩,东坝头以下低滩全部进水。漫滩水深是上段小,下段大,低滩区水深一般 2~4 m。因此,次洪水含沙量小,花园口站 7 d 平均含沙量仅 32.4 kg/m³,所以滩面淤积较少。淤积厚度一般为 0.1~0.3 m,按滩面估算,河南河段淤积 2.38 亿 t 左右。

大水期间,生产堤自决及人工破除口门 89 个,口门总长 24 561 m,其中人工破除口门 46 个,长 14 510 m,其余为大洪水冲决。口门冲开后,滩地大量进水,据估算,滩地滞蓄水量约 19.5 亿 m³,发挥了显著的滞洪削峰作用。

发生大水时,各级政府采取了各种措施,全力组织救护滩区群众。共组织滩区抢护人员 15 482 人,出动汽车 97 辆,船只 1 161 只,木筏 862 只,迁出人口 122 534 人,牲畜 2 185 头,粮食 46.7 万 kg。进水滩区有避水台 3 137 个,总面积 170.80 万 m²,洪水时迁到避水台的有 291 181 人,占低滩区人数的 50% 左右,对保障群众安全和减少财产损失发挥了很大作用。人民解放军是抗洪抢险和滩区救护的突击力量,接到命令后,营房已被洪水冲毁,交通道路中断,他们千方百计克服困难,步行 50 多 km 按时赶赴现场,立即投入紧张的救护工作。解放军舟桥部队的指战员,驾驶冲锋舟,几天几夜连续奋战,辗转于黄河滩区被洪水包围的村庄,扶老携幼,全力营救群众。

四、沁河下游段超标准洪水抗洪过程

(一)洪水情况

沁河是黄河三花间的三大支流之一,发源于山西省沁源县,至河南省济源市五龙口出太行山峡谷进入平原,两岸修有堤防,也是"地上悬河",下行 90 km 于武陟县南贾汇入黄河。沁河下游的防洪标准为防御小董站流量 4 000 m³/s,系 20 年一遇洪水。

7 月 29 日至 8 月 2 日,沁河中下游地区普降暴雨,局部大暴雨,中心区降雨量润城站 345 mm,五龙口站 377 mm。2 日 9 时 45 分沁河五龙口站出现 4 240 m³/s 洪峰,支流丹河山路坪站洪峰 480 m³/s。五龙口站以下出自太行山的神仙河、云阳河、逍遥河、安全河等小沟洪水流量据调查约 790 m³/s。经沁北自然滞洪区滞蓄洪量 2 100 万 m³ 后,8 月 2 日 19 时到达小董站的洪峰流量为 4 130 m³/s,这是 1895 年以来的最大洪水,超过了沁河下游的防御标准。

大水时,沁河下游两岸堤防全线偎水,水深 1~6 m,洪水位有的超过设计防洪水位,有的可能漫过堤顶。附表 2 所列为丹河口以上河段右岸洪水位和堤顶高程;伏背村以上 4 km 多河段,超过设计洪水位 1.8 m 左右;伏背至解封 15 km 河段,洪水位超设计水位 1.0 m 左右;解封以下 10 km 河段低于设计洪水位 0.5~1.0 m。

附表 2 丹河口以上右岸洪水位、堤顶高程

桩号	1982 年洪水位/m	设计水位/m	堤顶高程/m	备注
0+000	133.284	131.450	134.205	伏背
5+000	129.526	128.673	131.038	
10+000	126.874	125.997	128.624	
15+000	124.644	124.460	126.312	
20+000	122.582	123.320	125.196	
21+030		123.270		沁阳桥
25+000	119.230	120.272	121.984	

(二)措施得力,防守严密,战胜洪水

五龙口站洪峰出现后,及时预报小董站可能出现的洪峰流量和水位,并对沿程水位表

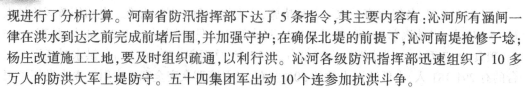

现进行了分析计算。河南省防汛指挥部下达了 5 条指令,其主要内容有:沁河所有涵闸一律在洪水到达之前完成前堵后围,并加强守护;在确保北堤的前提下,沁河南堤抢修子埝;杨庄改道施工工地,要及时组织疏通,以利行洪。沁河各级防汛指挥部迅速组织了 10 多万人的防洪大军上堤防守。五十四集团军出动 10 个连参加抗洪斗争。

沁河堤上有自建自管的涵闸、虹吸 30 座,在大水到来之前全部进行了围堵。武陟沁河南堤五车口一带堤防较薄弱,据推算,部分堤顶高程将低于洪水位,可能出现洪水漫溢的危险。经 29 000 名干部群众顶风冒雨,挑灯夜战,10 多个小时便抢修起 0.8 m 高 16 km 长的子埝,挡住了洪水,避免了漫溢。武陟县东小虹堤防发生漏洞,水柱冒出约 0.8 m,临河又找不到进水口,在这紧要关头,已退休的工程队老队长带领 400 多名群众,用 900 只麻袋装土,经过 6 个小时紧张战斗,筑起了高 5 m,宽 1.5 m 的圈堤,形成直径 4 m 的"养水盆",制止了冒水,防止了险情的进一步扩大。

洪水期间,沁河险工有 8 处 20 道坝垛出险 21 坝次,抢险用石料 2 460 m³,柳料 11 万 kg;堤防全线出现裂缝 12 处,裂缝累计长 374 m,缝宽 1~40 cm;出现大堤脱坡 7 处,总长 391 m,其中武陟大堤桩号 72+300 处,脱坡长 336 m;大堤渗水 6 处。这些险情经奋力抢护,均化险为夷。

尤其值得强调的是,沁河杨庄改道工程发挥了巨大的防洪效益。在水利部、黄河水利委员会的正确决策下,沁河杨庄改道主体工程在当年 7 月底前顺利完成,洪水时及时运用了新河道,确保了安全泄洪。否则,仍走原木城旧河行洪,木栾店桥附近有出现倒桥阻水、南北两岸大堤决口的危险;即使桥不倒,木栾店卡口水位将抬高 1 m 多,其上游水位也会相应抬高,势必增大五车口一带的防守困难。正是杨庄改道工程和沁河较好的工程基础,使得沁南 17 万人、10 666 hm² 耕地免受洪灾,减少直接损失 1.5 亿元,约为改道工程投资的 5 倍。沁河杨庄改道工程在战胜沁河这一近百年来的大洪水中发挥了重要作用。

五、战胜 1982 年洪水的启示

战胜"82·8"黄河大洪水,在人民治黄史上谱写了辉煌的篇章。

(一)行政首长负责制是战胜洪水的重要条件

在"82·8"洪水到来之前,7 月 29 日,河南省领导主持召开了防汛指挥部领导成员紧急会议,特别强调了黄河防汛的重要性。7 月 30 日、31 日和 8 月 1 日,省委、省政府和省防汛指挥部接连向沿黄各地发出了迎战黄河洪水的紧急通知,要求各级负责同志迅速进入防守阵地,切实加强领导,立即检查迎战洪水情况,组织群众上堤查水,运送料物,加强险工河势、工情观测和防护,并迅速派干部进入滩区做好群众的迁安救护工作。省委、省政府、省军区及时研究分析黄河防洪形势,进行紧急部署。并赶赴郑州、开封及中牟的险工险段,察看洪水情况,指挥抗洪斗争。省领导返回郑州后,到河务局集中办公,及时决策。沿黄各地、市、县在重要地段设立了前线指挥点,具体组织抗洪抢险。各级干部亲临前线,身先士卒、奋不顾身的表率作用,动员了群众,激励了群众,形成了一种战胜洪水的强大精神力量,奠定了战胜洪水的重要基础。

事实表明,地方政府行政首长负责制是做好防汛抗洪工作的重要条件,这是一条必须长期坚持的重要经验。

(二)正确的指挥调度是战胜洪水的关键一环

在迎战"82·8"洪水过程中,各级河务部门及时分析预测水情、河势和工情变化,跟踪洪水,密切监视,及时提出迎战洪水的具体措施。为战胜此次洪水,省防指及黄河防汛办公室先后发出代电通知17次,在每个关键时刻都作了具体部署,如大水期间关闭和围堵涵闸,破除生产堤,派干部进入滩区做好群众的迁安救护工作,沁河南堤抢修子埝,武陟沁河东小虹堤防发生漏洞后抢修"养水盆"的紧急措施等。

制订并不断完善各类防洪预案(包括各级洪水处理方案、分滞洪方案、迁安救护方案、重点工程抢护方案等)是一项极其重要的防洪基础工作,必须常抓不懈,坚持下去。同时,要全面提高防汛办事机构工作人员的整体素质,增强应变能力,使之成为能打硬仗的队伍。

(三)工程防御和人工防守是战胜洪水的两大法宝

此次大洪水,河南黄河堤防、险工和控导护滩工程等发挥了重大的抗洪作用,经受了一次严峻考验。1958年花园口站22 300 m^3/s 洪水时,全省黄河堤防发生管涌、渗漏、塌陷等险情达130多处,"82·8"洪水,在花园口以下河段洪水位普遍高于1958年1~1.5 m的情况下,仅发生渗水、管涌等险情44处。充分证明,经过历年对堤防的培修加固,抗洪能力明显提高。河道整治工程,虽有14处洪水漫顶,但绝大多数仍起到了控导主流的作用。这次大洪水,河南河段没有一个村掉河,没有一处较大的塌滩,这些特点是以前历次大洪水所没有的,也说明了河道整治工程所发挥的重要作用。

在黄、沁河抗洪斗争中,共出动解放军2.8万人,群众防汛队伍25万多人,布防在千里大堤上,日夜奋战在抗洪抢险第一线。解放军承担急、重、险、难的抗洪抢险任务,成为黄河防汛的一支主力军。当然,为切实搞好今后的黄河防洪工作,仍需要不断强化防洪工程建设。继续加固堤防,进一步整治河道,控导稳定河势,以减少洪水对堤防的威胁。要按照建立社会主义市场经济的客观要求,不断完善和改革群防队伍的组织形式和管理体制,并不断提高机械化抢险水平。

(四)滩区避水工程是保护群众生命财产的有效措施

1982年,河南黄河滩区有80万人口,当时转移出来的只有12万多人。虽然那时所修避水工程数量较少,但在这次抗洪斗争中,仍然起到了很大作用,临时迁到避水台的人数占低滩区人口的一半左右。特别是一些高台避洪效果非常显著,如长垣苗寨乡所在地修了一个大的避水台,不仅人畜没有伤亡,财产也未受损失,群众把避水台称之为保命台。这些足以说明滩区避水工程在保护滩区人民生命财产安全、战胜洪水中的重要地位。

附件二　黄河治理辞典

淤滩固堤：为保护堤防，利用洪水漫滩或采取人工放淤抬高滩面高程的工程、生物措施。黄河下游，在汛期利用高含沙水流淤滩，并淤高堤脚洼地，减小洪水偎堤的深度，减轻洪水对堤防的威胁。淤滩工程措施有自流引水放淤和机械提水放淤，淤滩生物措施为利用农作物或其他植物缓流落淤。

截支强干：采取工程措施，在河汊修筑截治工程，堵截河流的支汊，使水流集中于主河槽，以增大河道排洪输沙能力。截支强干或称"塞支强干"，在河口治理中，具有一定的效能。

控导工程：为约束主流摆动范围、护滩保堤，引导主流沿设计治导线下泄，在凹岸一侧的滩岸上按设计的工程位置线修建的丁坝、垛、护岸工程。黄河下游仅在治导线的一岸修筑控导工程，另一岸为滩地，以利洪水期排洪。

河势图：反映河道在某观测时段内水流、岸线和沙滩分布形态的地图。河势图上标注的主要内容有：河道整治工程靠溜情况，主溜线，水边线、心滩、浅滩、串沟汊河等位置，塌滩情况，局部水流现象和观测时段的流量变幅等。

旱滩：河槽内长时间没有上水的滩。

阻水工程：影响河道行洪的构筑物及建筑工程。常见的阻水工程有：在滩地上修筑各种套堤、生产堤，修筑高渠堤、高路基，建筑成片的住宅；在河道中任意修筑丁坝、缩窄过水断面；有碍河道排洪的跨河桥梁、渡槽、管道等工程。

河漫滩：位于河床主槽一侧或两侧，在洪水时被淹没，中水时出露的滩地。

鸡心滩：在河槽中，面积较小而状如鸡心的河心滩，见附图 2-1。

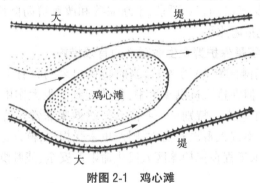

附图 2-1　鸡心滩

河心滩：河槽中与两岸不相连接，在中水时出露的沙滩。

凹入型工程：平面外形向背河侧凹入的河道整治工程。方向不同的来溜入湾后，水流流向逐渐调整，控导出湾溜势稳定一致。这种工程布局，控导河势能力强，在黄河下游河道整治工程实践中广泛采用。

平顺型工程：平面外形平顺或微弯的河道整治工程。这种工程布局，对河势的控导能力较差。

凸出型工程:平面外形向临河一侧凸出的河道整治工程。这类工程上、中、下三段不同部位着溜时,往往出溜方向不同,甚至差异很大,造成工程以下溜势散乱,控导河势效果差。

河湾半径:弯道整治线上任意一点与相应弯道中心角顶点的距离,持续时间较长的流量级是影响河湾半径的主要因素。黄河下游河道整治设计,河湾半径通常取设计稳定河宽的2~5倍。为了适应上游不同的来溜方向,弯道上部迎溜段的河湾半径通常比较大;为了更好地发挥弯道的挑溜作用,弯道下部送溜段的河湾半径通常比较小。

河湾跨度:河流一岸相邻同向弯道顶点之间的距离,通常持续时间较长的流量级对河湾跨度影响较大。在黄河下游游荡性河段河道整治规划中,有大弯和小弯的争论,大弯的河湾跨度一般为15~30 km,它能较好地利用现有工程;小弯的河湾跨度一般为10~15 km,它对河势演变有较强的控导作用。

弯曲幅度:设计治导线各弯道顶点连线之间的距离,它标志着整治线路的水流摆动范围的大小。

河湾同距:相邻两岸相对河湾顶点的距离。

整治河宽:河道经过整治后与整治流量相应的直河段的河槽宽度,即河道通过整治流量时,理想的水面宽度。由于河道整治工程仅在凹岸布置,凸岸为可冲的滩嘴,当大洪水通过时,主流走中泓,流线趋直,凸岸受冲,主槽扩宽,洪水能顺利通过。因此,整治河宽小于洪水时主槽宽度。同时由于整治工程高程均低于设计防洪水位,因而整治河宽并不是河道行洪宽度。黄河下游高村以上河段,设计整治河宽为1 200 m,洪水时河道实际水面宽度一般为2 500~3 000 m,大洪水的行洪宽度可达5 000 m以上,最宽处超过20 km。

整治流量:整治河道的设计流量。它分为洪水河槽整治流量、中水河槽整治流量和枯水河槽整治流量。黄河下游多年测验成果表明,中水河槽水深大,糙率小,排洪量占全断面的70%~90%,造床作用较强,因此采用中水河槽的平滩流量作为河道整治的设计流量。由于河床冲淤变化大,平滩流量也在不断地改变,黄河下游平滩流量一般在4 000~6 000 m³/s,经过多方面的分析论证,选取5 000 m³/s作为整治流量。

河道查勘:对河势进行现场勘察工作。查勘内容主要是观测河势、分析河势演变状况、了解工程险情及管理状况等。其主要目的是为来年河道整治及其他建设项目提供依据。黄河下游河道查勘,每年汛前汛后各进行一次。查勘方法是乘船顺流而下,在河湾、塌岸、控导工程、险工等重点地方,上岸徒步查勘,利用望远镜、激光测距仪,在宽阔的河道里观察河道的汊流、沙洲等分布情况,绘制出1∶50 000的河势图。汛期水情变化较大或发生重大险情时,随时组织查勘,预估河势发展趋势,为防汛抢险决策提供依据。

河势观测:对河床平面形态、水流状态的观测。河势观测通常采取仪器测量和目估相结合的办法,绘制河势图。在图上标出河道水边线、滩岸线、主流线的位置,各股水流的流量比例,工程靠流情况等。用以分析河势变化规律,开展河势预估,为河道整治和防汛抢险提供依据。

切滩:滩岸受水流冲刷后退的现象。河道主流偏离弯道凹岸,凸岸边滩被水流冲失。

坐弯:水流冲刷滩岸,顶冲的滩岸坍塌后退而形成弯道。黄河上把这种河床变化称坐弯。

入袖:水流受工程或其他边界条件影响,大溜在滩地坐弯较深较陡而出流不畅的河势状况,见附图2-2。

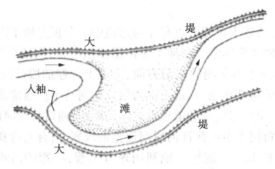

附图2-2 入袖

揭底冲刷:也称"揭河底"。水流将大片沉积物从河床上剧烈地掀起,然后跌落破碎被水流带走的冲刷现象。这样强烈的冲刷可使河床在很短时间内急剧下切数米至十数米,揭底冲刷常由高含沙水流引起。除黄河中游外,下游汜水口河段,在1977年也曾发生过"揭河底"现象。

环流:弯道水流的内部呈螺旋状运动,在横断面上的投影呈环形的水流,又称"横向环流""弯道环流"。水流沿弯道作曲线运动时产生离心力,在离心力作用下,凹岸水面升高,凸岸水面降低。同时,由于水面流速大,离心力大,上层的水流指向凹岸;河底的流速小,离心力小,河底的水流则指向凸岸,形成横向环流。然而横向环流并非在横断面上进行,横向环流与纵向水流结合在一起,呈现螺旋式向下游运动的水流。弯道中可能有一个大的环流,也可能有大小不同的几个环流,环流可能占据整个横断面,也可能只占横断面的一部分。横向环流是引起泥沙横向运动的动力,它促使弯道凹岸冲刷而凸岸淤积。

边溜:①侯靠主溜的流带。②靠近岸边流速较缓的溜。

大溜:主流线带,居水流动力轴线主导地位的溜。即河中流速最大、流动态势凶猛、并常伴有波浪的水流现象,亦称"正溜"或"主溜"。

边滩:河槽中与河岸相接,一般洪水时淹没、枯水时出露的滩地。边滩也称"岸滩"。

浅滩:淹没水深不大的滩地。

嫩滩:在河槽内,经常上水,时冲时淤,杂草又难以生存的滩地,俗称"嫩滩"。

新滩:形成时间不长的滩地。在游荡性河段内,滩地极不稳定,随着坍塌、串沟夺溜而变成主槽,而其他的水域则淤出新滩。

高滩:形成历史较久,稳定而不易上水的滩地,也称"老滩",高滩的稳定性通常取决于滩槽高差。黄河明清故道,滩槽高差较小,滩地上水的机会较多,稳定性比较差;1855年铜瓦厢决口改道,因口门处水位落差大,在东坝头以上河段发生强烈的溯源冲刷,滩槽高差达3~5 m,以至于100多年来没有上过水,滩地有较大的稳定性;随着主槽淤积加重,滩槽高差逐渐缩小,"高滩不高",将给防洪带来潜在的威胁。

中滩:在大洪水期形成,有一定稳定性而在中小洪水时不上水的滩地。中滩多是适于种植的耕地,夏作物的收获有一定的风险,而秋作物能保证收获。中滩常在河势急剧的变化中发生坍塌、冲蚀,其位置被低滩所取代。在河道整治工程有较强的控导能力时,中滩始能得以稳定。

低滩:洪水时被淹没、枯水期露出水面的滩地。低滩是极不稳定的滩地,无时无刻不在消长变化之中。在游荡性河道中,低滩的普遍存在,构成了宽浅散乱的河床特色。在土地资源较少的地区,通常种植小麦,多数年份可取得较好的收成。

Ω 形河湾:某一河湾充分发育后,弯道进出口距离很短,有时仅 200 余 m,远小于弯道河长,在平面上呈 Ω 形,为畸形河湾的一种。

S 形河湾:在较短河段内,上下两相邻河湾发育完善,两湾间过渡段较短,在平面上呈 S 形。

堤河:靠近堤脚的低洼狭长地带。堤河形成原因有两点:一是洪水漫滩时,泥沙首先在滩唇沉积,形成河槽两边滩唇高、滩面向堤根倾斜的地势;二是培修堤防时,在临河取土,降低了地面高程。由于堤河的存在,洪水漫滩后,水流顺堤河而下,形成顺堤行洪,对堤防防守极为不利。

地下河:河床低于两岸地面的河。地下河具有河槽窄深、河床比较稳定的特点。

主槽:中水河槽或中水河床,也称"基本河槽"或"基本河床"。径流汇集到河流中,一方面将挟带的大量泥沙堆积在河槽中,一方面又不断冲蚀,维持一个深槽。由于中水较洪水持续的时间长,中水又较枯水的流速大,所以在中水时能维持一个较明显的深槽。黄河下游高村以上河段,洪水时水面宽度可达数千米乃至 10 km 以上,但实测资料表明,洪水时主槽宽度多在数百米至 1 500 m,主槽通过的流量常常占总流量的 80%左右。

河槽:河流流经的长条状的凹地或由堤防构成的水流通道,也称"河床"或"河身"。通常将枯水所淹没的部分称为枯水河槽或枯水河床;中水才淹没的部分称为中水河槽或中水河床;仅在洪水时淹没的部分称为洪水河槽或洪水河床,包括滩地。黄河下游河槽为复式断面,在深槽的一侧或两侧,常有二级甚至三级滩地存在。

四汛:黄河在一年内的 4 个季节性涨水,俗称桃汛、伏汛、秋汛、凌汛。现在桃汛由于洪量不大,又有三门峡等水库调节,且下游堤防标准加大,已构不成威胁,且对引黄春灌十分有利,已不做防守部署,只有伏秋大汛和凌汛威胁较大。

落水生险:落水期,堤防、河道整治工程等发生的险情。洪峰过后,因水位急剧回落,坝岸的扬压力骤减,内外力系失衡,加以溜势发生变化,主溜趋弯傍岸,堤坝工程容易出险。

大水居中:河道流势变化规律之一。河道流量越大,水流动力轴线曲率越小。由于凸岸滩嘴水深增加,过水量相应增大,滩嘴发生冲刷,主流动力轴线伸直,趋向中泓。

小水傍岸:河道流势变化规律之一。河道流量越小,其水流动力轴线的曲率越大,故小水流路弯曲,主流傍近凹岸。也称"小水坐弯"。

四防:明、清两代制定并沿用至今的黄河防守及巡堤查险制度。其内容为:"风防、雨防、昼防、夜防",即在汛期大水时,无论风、雨、昼、夜,都要坚持认真巡查防守。

防洪非工程措施:通过法令、政策、经济手段和防洪工程以外的其他手段,如利用自然和社会条件去适应洪水特性,减轻洪水造成的灾害,扩大防洪效果的措施等。其主要内容包括河道、洪泛区、滞洪区、防洪工程管理及河道清障;对滞洪区群众生产生活的指导与迁

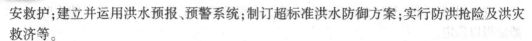

安救护;建立并运用洪水预报、预警系统;制订超标准洪水防御方案;实行防洪抢险及洪灾救济等。

破除生产堤:生产堤是黄河滩区群众为保护局部生产自发修筑的防水堤,俗称"民埝"。对滩区滞洪、排洪和洪水漫滩和淤滩刷槽十分不利。从长远看,对滩区本身也不利。因黄河水长期不漫滩,主河道淤高,滩区相对变低,土地容易碱化和积涝成灾。因此,国家规定要废除生产堤,并采用在生产堤上破口的办法,达到废除的目的。

防洪标准:根据需要与可能,按照规范选定,体现某时期、某河段或某地区防御一定洪水的目标和具体要求。一般以河道某一控制站的设计洪水流量或相应水位作为标准。设计洪水,一般采用某一实测洪水或历史洪水,也有通过频率计算分析,选定某一重现期的设计洪水(如10年一遇、100年一遇等)作为标准。对特别重要的防洪对象,可采用经过调查分析、设计计算的最大可能洪水作为标准。

削减洪峰:即削减洪峰流量。如黄河下游河道排洪能力上大下小,当发生大的洪水,超过下游河道安全泄量时,必须通过沿程分滞洪区和滩区滞洪,逐步削减洪峰流量,以保证河道安全泄洪。

滞洪:在发生超过河道安全泄量的洪水时,利用江河沿岸的湖泊、洼地等,修建滞洪工程,在其内分一部分洪水作短时滞留,借以削减下游洪峰。没有系统工程控制,在洪峰时,借围堤高程及进出口大小、高低控制所需分洪水量,必要时临时爆破口门,分滞洪水,均属滞洪范围。

滞洪运用:为防御特大洪水,利用分滞洪工程,采取"上吞下吐"的运用方式,分滞洪水,称"滞洪运用"。

蓄洪:为防过量洪水酿成灾害,将超过河道安全泄量的洪水蓄存在一定的地区。作为蓄洪区,一般都建分洪、泄洪建筑物及围堤等相应工程。如黄河下游的东平湖水库等。

蓄滞洪区:为防御异常洪水,利用沿河湖泊、洼地或特别划定的地区,修建围堤及附属建筑物,作为蓄滞洪水的区域。洪峰到来时,把过量洪水暂时蓄存,洪峰过后,根据下游河道泄洪能力,再有计划地向下游河道排放的称"蓄洪区";采取"上吞下吐"的运用方式,使一部分洪峰水量在滞洪区内边停留、边排出,借以摊平洪峰过程、削减下游洪峰的称"滞洪区"。自1951年起在黄河下游开辟大功分洪区、北金堤滞洪区、东平湖分洪工程,一旦洪水超过河道安全泄量,即可相机分滞洪水。

横向裂缝:形式及走向大体垂直于堤(坝)建筑物轴线的裂缝。多因震动或有施工薄弱环节、沉陷不均等原因引起,深度一般较大,危害性比较严重。

纵向裂缝:形式、走向大致平行于堤坝等建筑物轴线的裂缝。按其成因又可分为"竖向沉陷裂缝"与"滑坡裂缝"。前者多见于新培堤与旧堤的竖向结合部位,由沉陷不均产生;后者多因堤基或堤坡下部内有潜在薄弱夹层(滑裂面),堤坡过陡、背河渗水严重,出逸点过高,或临河水位骤降,土体内外作用力系失衡,抗剪强度不足等原因引起。滑坡裂缝往往出现于堤肩、堤坡或堤坡下部,甚至连同地基的一部分。严重削弱堤防强度,处理也比较复杂。

新险工:原为平工堤段,由于河势变化,成为或即将成为迎溜受冲堤段,必须新修或添修坝垛、护岸等加强防护的险工堤段。

老险工：河湾河势相对稳定，常年靠河，历史较长的险工堤段。一般坝、岸等防护建筑物较多，维修、抢护、加固的历史也较长。

护堤屋：沿河大堤每长 500 m 在堤顶的背河堤肩处，修建堤屋 2~3 间，作为汛期基干班员上堤防守、换班休息的临时屋舍，平时可供护堤员巡堤避风雨或临时居住，又称"防汛屋"。

护堤员：群众护堤专职人员。按堤线每 500 m 挑选一名就近村的适合护堤的工作人员，具体担负所辖段的堤防管理、养护工作。

抽水洇堤：检查处理堤身隐患、提高堤身密实度的一种方法。即在堤顶开挖纵向洇水沟槽，在槽内灌水、锥孔。洇水槽宜短、宽、浅，其位置大体居堤顶宽度之半。锥孔距 0.5 m 左右，梅花形排列。槽内灌水深 0.3~0.5 m，一般持续三五日即可发现隐患，若为洇实堤身土质，时间可适当延长。

岁修：河工常年进行培修与维修的工程计划项目，也指常年培修、维修工程的施工过程。

开膛验收：旧时修堤施工检查验收坯土压实质量的一种简便方法。即在施工工段任意选定检查位置，用铁铣铲开土坯，辨明上下两坯压土的接面，从接面量取本坯的压实厚度，按标准压实率的规定厚度核查其是否合乎标准。

险工：大堤平时即靠河，经常受水流冲击，容易贴溜出险的堤段，或历史上往往发生冲刷险情的堤段，如"××险工"。在险工段一般修有丁坝、堆垛、护岸等挑溜御水建筑物。

平工：也称"背工"。大堤临河有较宽滩地，河泓距堤较远，平时不靠水，仅大水漫滩偎堤时临水的堤段。

北金堤：东汉明帝永平十三年（公元 70 年）王景治河时，沿黄河南岸修长堤，自河南省荥阳县东至千乘（在今山东省利津县境）海口，1855 年铜瓦厢决口改道后，该堤处于河道以北，遂称"北金堤"。

南金堤：1946 年人民治黄后培修的一段旧障东堤。起自山东省鄄城县北董庄至梁山县古陈庄，作为防洪的二道防线，因与北金堤相对，故名南金堤。堤长 84.88 km，三门峡水库建成后，不再担负防洪任务，也不再设防。

新堤：黄河铜瓦厢决口改道以后新修的大堤。也指根据河势演变、工农业生产发展及河防需要，新添修的堤防。如黄河下游清光绪元年（1875 年）开始修建的"官堤"，相对于改道前的明、清堤称"新堤"。又如为开辟河道展宽区新修的堤防、河口区原大堤以外另增修的堤防或延长新修的堤防等，均属"新堤"。

故堤：历史上河道改道后遗留下来的已不再设防、维修的旧堤，又称"古堤""废堤"。如现河道以北的西汉残堤及铜瓦厢决口以后豫皖苏境内的明、清故堤和花园口决口后的防泛东、西堤等。

束水堤：靠近河岸修筑，用以约束水流，起集水作用的御水堤。同"缕堤"。

戗堤：为加大堤防御水断面，在临河或背河堤坡加帮的补强性堤体。在背河一侧加帮的戗堤，堤顶高于堤身出逸点一定高度，低于正堤堤顶，称"后戗"；加帮在临河一侧的称"前戗"，戗顶必须超出设防水位一定高度。

月堤：在大堤的危险重要地段为加强堤防安全，于背河加修的"重堤"，两端仍弯接于原堤。平面上堤形弯曲如新月,故名月堤,也称"越堤",在险工堤段又称"圈堤""套堤"。

遥堤:离主河槽较远的大堤。明、清两代均作为黄河干堤,其主要作用为约拦水势,增加河道的蓄泄能力,宣泄稀遇的洪峰流量,且较易于防守。如北金堤、太行堤等。

缕堤:依河势修筑距主河槽较近的堤,用以约束水流,增强水流的挟沙能力,防御一般洪水的二级大堤。黄河下游临黄堤不少是在原缕堤基础上培修而成的。

格堤:于遥堤、缕堤之间修筑的与水流方向大致垂直的横堤。它把遥堤、缕堤之间的滩地分隔开,以阻断漫过缕堤的洪水不使顺遥堤畅流,以免袭夺主溜,冲溃干堤,并有利于淤淀滩地靠堤的洼地。又称"隔堤""横堤""撑堤"。

生产堤:与近河民埝同。1958年在"大跃进"形势下,基于错误估计了防洪形势,沿黄河两岸滩区大修生产堤,束窄了河道并妨碍排洪。1974年国务院决定"黄河滩区应迅速废除生产堤,修筑避承台,实行一水一麦、一季留足群众全年口粮"的政策。在各级政府的共同努力下,生产堤破开了进水口门,到1993年累计破口门长度已占生产堤长度的半数,对保证防洪安全大为有利。

抄后路:由于河势变化或河道整治工程上首位置布设不当,河在工程以上滩地淘刷坐弯,各坝自上而下逐一被大溜冲垮或置于大河中间的现象。

钻裆:因两坝裆距过大,横河顶冲,部分主溜钻入坝裆造成坝基及连坝土坡坍塌的险情。属严重险情,涉及范围大,掩护不及,将导致断坝,多用柳石枕抢护。

跨角:坝头的拐角部位,长1~3跨。

上跨角:坝的迎水面与前头之间的拐角处。

下跨角:坝的背水面与前头之间的拐角处。

坦石:①丁坝根石台以上的护坡石。按结构分乱石、扣石、砌石等,用以保护土坝基不受水流冲刷破坏。②专指沿子石。如说经常保持"口齐、坦平、坡顺"。

坦坡:坝的坦石坡面或坡度。

东坝头:指兰考县东坝头险工的28号坝。1855年黄河在铜瓦厢(今兰考县境)决口改道后,河东断堤裹护后称"东坝头"。该坝当时长440 m,现为控制河势的重点坝。

将军坝:指河南省郑州市花园口险工90号坝。始建于1755年,因当时此坝附近有将军庙而名。现坝长120.8 m,经常靠溜,系浆砌石护坡,根石深23.5 m,为黄河下游实测根石最深、抗洪能力较强的一座坝工。

椭圆头坝:坝的前头、上跨角和迎水面为若干段椭圆弧线光滑连接组成的复合曲线形式,故名椭圆头坝。这种坝迎溜送溜能力较强,水流靠坝后,以平稳渐变状态改变前进方向,坝前冲刷坑较小;在多次加高时,下跨角不需外伸,投资减少,是效果较好的一种坝形。

圆头坝:坝头的平面形式为半圆形的坝。坝头的圆弧半径等于1/2坝顶宽度,是常用的主要坝头形式之一。这种坝能适应多种来溜变化,抗溜能力强,当来溜方向与坝轴线夹角较大时,坝下回溜较大。

抛物线形坝:也称"流线型坝"。指上跨角及迎水面和前头的一部分外口成为抛物线形式的坝。这种坝因上跨角附近弯曲平缓,与来溜方向夹角小,坝对水流的阻力也小,具有迎溜顺、出溜稳、坝上游回溜小、坝下游回溜轻等优点,是优良坝头的一种。

鱼鳞坝:若干头窄尾宽的坝相连,形似鱼鳞,故称鱼鳞坝。这种坝易于藏头,生根稳固,尾宽便于托溜外移,多用于大溜顶冲或大溜绞边处。如将头尾颠倒相连,则称为"倒鱼鳞坝",用于大回溜处。旧时埽工修作较多,现很少采用。

雁翅坝:形似雁翅的坝。这种坝迎水面较长,可托溜外移,背水面较短,可御回溜。通常首尾相连修做,也可间隔(20~30 m)用护岸连接。

挑水坝:坝轴线与堤线或河岸线下游侧夹角较大(一般大于50°)的下挑丁坝的俗称。过去认为夹角越大,挑溜外移的能力越强,掩护段越长,防守负担越轻。实践证明,单坝独挑改变溜向能力有限,且受溜过重,易生险,防守困难。应以群坝护弯,以弯导溜,效果较好。

桩柳软厢进占:桩柳进占的施工方法之一。当水深大于3 m而小于10 m且溜缓,打桩有困难时,可先在土坝基或桩柳插厢上打根桩,拴底钩绳,绳另一头拖于船上,以练子绳与底钩绳横联成网格,网格上铺柳宽4 m,逐坯内收成顶宽3 m,每坯厚约2 m;底坯用棋盘桩,以上各坯使用三星、单头人等硬家伙,并酌情用束腰等以防前爬。同时在占的迎溜面捆浮枕,背水面修土坝基,稳定占体。

透水桩柳进占:利用桩柳与抛柳头的结构特点组合改进的一种进占方法。适用于多泥沙河流,具有省工、省料、安全等优点。细分有桩柳插厢、桩柳软厢及桩柳架三种。

柳石沉排:以桩柳组成方格,方格内填石建成的一种防护工程。建于坝岸前可固底护根,建于嫩滩上可防冲护滩。黄河下游常用的有两种做法,一为"柳把织格沉排",另一为"桩枕沉排"。

空心枕:枕内不放石料的叫作"空心枕",形状有大有小,作用同"浮枕"。

柳石枕:用柳包裹石块,用绳或铅丝每隔0.6~1.0 m捆一道形成直径1 m以上的圆柱体的结构物,称柳石枕,见附图2-3。枕中包大麻绳一条称"龙筋",绳两头各挽一笼头套在枕两端并拴于顶桩上。枕的种类很多,有常规枕、围枕、拦枕、懒枕等,适用于各种抢险和护根工程。

附图2-3 柳石枕

柳石搂厢:是以柳石为主,以桩绳连结修建河工构筑物的施工方法。黄河上常用的有三种:层柳层石搂厢、柳石混合滚厢和柳石混厢。

参考文献

[1] 孙东坡,李国庆,朱太顺,等.治河及泥沙工程[M].郑州:黄河水利出版社,1999.

[2] 董哲仁.堤防除险加固实用技术[M].北京:中国水利水电出版社,1998.

[3] 赵业安.黄河下游河道演变基本规律[M].郑州:黄河水利出版社,1998.

[4] 柳学振,佟名辉.治河防洪[M].北京:水利电力出版社,1991.

[5] 罗全胜.治河防洪[M].郑州:黄河水利出版社,2009.

[6] 侯全亮.黄河400问[M].郑州:黄河水利出版社,2020.

[7] 胡一三.黄河防洪[M].郑州:黄河水利出版社,1996.

[8] 胡一三.黄河高村至陶城铺河段[M].郑州:黄河水利出版社,2006.

[9] 胡一三.黄河河道整治[M].北京:科学出版社,2020.

[10] 水利部淮河水利委员会.堤防工程施工规范:SL 260—2014[S].北京:中国水利水电出版社,.2014.

[11] 中华人民共和国水利部.防洪标准:GB 50201—2014[S].北京:中国计划出版社,2014.

[12] 中华人民共和国水利部.堤防工程设计规范:GB 50286—2013[S].北京:中国计划出版社,2013.

[13] 胡一三,宋玉杰,杨国顺,等.黄河堤防[M].郑州:黄河水利出版社,2012.

[14] 姚乐人.江河防洪工程[M].武汉:武汉水利水电大学出版社,1999.

[15] 王运辉.防汛抢险技术[M].武汉:武汉水利水电大学出版社,1999.

[16] 谢鉴衡,丁君松,王运辉.河床演变及整治[M].北京:水利电力出版社,1990.

[17] 张瑞瑾,谢鉴衡,王明甫,等.河流泥沙动力学[M].北京:水利电力出版社,1989.

[18] 钱宁,张仁,周志德.河床演变学[M].北京:科学出版社,1987.

[19] 钱宁,万兆惠.泥沙运动力学[M].北京:科学出版社,1983.

[20] 李洁,夏军强,邓珊珊,等.近30年黄河下游河道深泓线摆动特点[J].水科学进展,2017(5):652-661.

[21] 张金良,鲁俊,韦诗涛,等.小浪底水库调水调沙后续动力不足原因和对策[J].人民黄河,2021(1):5-9.

[22] 刘欣,刘远征.小浪底水库调水调沙以来黄河下游游荡河段河床演变研究[J].泥沙研究,2019(10):55-59.

[23] 夏军强,李洁,张诗媛.小浪底水库运用后黄河下游河床调整规律[J].人民黄河,2016(10):49-55.

[24] 胡一三,张原峰.黄河河道整治方案与原则[J].水利学报,2006(2):127-134.

[25] 侯全亮,李肖强,郑胜利.黄河400问[M].郑州:黄河水利出版社,2020.